Balamurugan Balusamy
Malathi Velu
Eshwar Sekar

# Reforçar a segurança dos registos de saúde pessoais

Balamurugan Balusamy
Malathi Velu
Eshwar Sekar

# Reforçar a segurança dos registos de saúde pessoais

ScienciaScripts

**Imprint**



Cover image: www.ingimage.com

This book is a translation from the original published under ISBN 978-3-659-85142-1.

Publisher:
Sciencia Scripts
is a trademark of
Dodo Books Indian Ocean Ltd. and OmniScriptum S.R.L publishing group

120 High Road, East Finchley, London, N2 9ED, United Kingdom
Str. Armeneasca 28/1, office 1, Chisinau MD-2012, Republic of Moldova, Europe
Managing Directors: Ieva Konstantinova, Victoria Ursu
info@omniscriptum.com

Printed at: see last page
**ISBN: 978-620-8-59403-9**

Índice:

# REFORÇO DA SEGURANÇA EM SAÚDE PESSOAL REGISTO

BALAMURUGAN B
MALATHI V
ESHWAR S

# PREFÁCIO

O registo de saúde pessoal (PHR) é um modelo emergente de intercâmbio de informações de saúde centrado no doente, que é frequentemente externalizado para ser armazenado por terceiros. No entanto, tem havido grandes preocupações quanto à privacidade, uma vez que as PHI podem ser expostas a esses servidores de terceiros e a partes não autorizadas. Para garantir o controlo dos pacientes sobre o acesso aos seus próprios PHRs, é um método cifrar os PHRs antes de os externalizar. No entanto, questões como os riscos de exposição da privacidade, a escalabilidade na gestão de chaves, o acesso flexível e a revogação eficiente do utilizador continuam a ser os desafios mais importantes para a obtenção de um controlo de acesso aos dados com uma boa granularidade e aplicado criptograficamente. Neste documento, propomos uma nova estrutura centrada no paciente e um conjunto de mecanismos para o controlo do acesso aos dados de PHRs armazenados em servidores semi-confiáveis. Para conseguir um controlo de acesso aos dados de PHRs com uma granularidade fina e escalável, utilizamos técnicas de encriptação baseadas em atributos para encriptar o ficheiro PHR de cada paciente. Ao contrário de trabalhos anteriores sobre a externalização segura de dados, centramo-nos no cenário de múltiplos proprietários de dados e dividimos os utilizadores do sistema PHR em múltiplos domínios de segurança, o que reduz consideravelmente a complexidade da gestão de chaves para proprietários e utilizadores. Um elevado grau de privacidade do paciente é garantido simultaneamente através da exploração do ABE multi-autoritário. O nosso esquema também permite a modificação dinâmica das políticas de acesso ou dos atributos dos ficheiros, suporta a revogação eficiente de utilizadores/atributos a pedido e o acesso sem restrições em cenários de emergência. São apresentados resultados analíticos e experimentais exaustivos que demonstram a segurança, a escalabilidade e a eficiência do esquema proposto.

# CAPÍTULO 1

## INTRODUÇÃO

### 1.1 SINOPSE:

Nos últimos anos, o registo pessoal de saúde (PHR) surgiu como um modelo de intercâmbio de informações de saúde centrado no doente. Um serviço de PHR permite ao doente criar, gerir e controlar os seus dados pessoais de saúde num único local através da Web, o que tornou mais eficiente o armazenamento, a recuperação e a partilha de informações médicas. Em especial, é prometido a cada doente o controlo total dos seus registos médicos e pode partilhar os seus dados de saúde com uma vasta gama de utilizadores, incluindo prestadores de cuidados de saúde, familiares ou amigos. Devido ao elevado custo de construção e manutenção de centros de dados especializados, muitos serviços de PHR são subcontratados ou fornecidos por prestadores de serviços terceiros, por exemplo, o Microsoft HealthVault.[1] Recentemente, foram propostas em [2], [3] arquitecturas de armazenamento de PHRs em computação em nuvem.

Embora seja interessante dispor de serviços PHR convenientes para todos, há muitos riscos de segurança e privacidade que podem impedir a sua adoção generalizada. A principal preocupação é saber se os pacientes podem realmente controlar a partilha das suas informações pessoais de saúde sensíveis (PHI), especialmente quando estas são armazenadas num servidor de terceiros em que as pessoas podem não confiar plenamente. Por um lado, embora existam regulamentos relativos aos cuidados de saúde, como o HIPAA, que foi recentemente alterado para incorporar os associados comerciais [4], os fornecedores de serviços de computação em nuvem não são normalmente entidades abrangidas [5]. Por outro lado, devido ao elevado valor dos DCC sensíveis, os servidores de armazenamento de terceiros são frequentemente alvo de vários comportamentos maliciosos que podem levar à exposição dos DCC. Um incidente famoso foi o roubo de uma base de dados do Department of Veterans Affairs que continha informações confidenciais sobre 26,5 milhões de veteranos militares, incluindo os seus números de segurança social e problemas de saúde, por um funcionário que levou os dados para casa sem autorização [6]. Para garantir um controlo da privacidade centrado no paciente sobre os seus próprios PHR, é essencial dispor de mecanismos de controlo do acesso aos dados de granularidade fina que funcionem com servidores semi-confiáveis.

Uma abordagem viável e promissora seria encriptar os dados antes de os externalizar. Basicamente, o próprio proprietário do PHR deve decidir como cifrar os seus ficheiros e permitir que conjunto de utilizadores tenha acesso a cada ficheiro. Um ficheiro PHR só deve estar disponível para os utilizadores a quem for dada a chave de desencriptação correspondente, mantendo-se confidencial para os restantes utilizadores. Além disso, o doente deve ter sempre o direito não só de conceder, mas também de revogar os privilégios de acesso quando o considerar necessário [7]. No entanto, o objetivo da privacidade centrada no paciente está frequentemente em conflito com a escalabilidade num sistema PHR. Os utilizadores autorizados podem precisar de aceder ao PHR para uso pessoal ou para fins profissionais. Exemplos dos primeiros são os membros da família e os amigos, enquanto os segundos podem ser médicos, farmacêuticos e investigadores, etc. Referimo-nos às duas categorias de utilizadores como utilizadores pessoais e profissionais, respetivamente. O último tem uma escala potencialmente grande; se cada proprietário for diretamente responsável pela gestão de todos os utilizadores profissionais, ficará facilmente sobrecarregado com a sobrecarga da gestão de chaves. Além disso, como os pedidos de acesso desses utilizadores são geralmente imprevisíveis, é difícil para um proprietário determinar uma lista dos mesmos. Por outro lado, ao contrário do cenário de um único proprietário de dados considerado na maioria dos trabalhos existentes [8], [9], num sistema PHR, existem múltiplos proprietários que podem encriptar de acordo com os seus próprios métodos, possivelmente usando diferentes conjuntos de chaves criptográficas. Deixar que cada utilizador obtenha chaves de cada proprietário cujo PHR pretende ler limitaria a acessibilidade, uma vez que os doentes nem sempre estão em linha. Uma alternativa é empregar uma autoridade central (CA) para fazer a gestão das chaves em nome de todos os proprietários de PHR, mas isso exige demasiada confiança numa única autoridade (ou seja, causa o problema do depósito de chaves).

Neste documento, procuramos estudar a partilha segura, centrada no paciente, de PHRs armazenados em servidores semi-confiáveis, e concentramo-nos em abordar as questões complicadas e difíceis da gestão de chaves. Para proteger os dados pessoais de saúde armazenados num servidor semi-confiável, adoptamos a encriptação baseada em atributos (ABE) como principal primitiva de encriptação. Utilizando a ABE, as políticas de acesso são expressas com base nos atributos dos utilizadores ou dos dados, o que permite a um doente partilhar seletivamente o seu PHR entre um conjunto de utilizadores, encriptando o ficheiro com um conjunto de atributos, sem necessidade de conhecer uma lista completa de utilizadores. As complexidades por encriptação, geração de chaves e desencriptação são apenas lineares com o número de atributos envolvidos. No entanto, para integrar o ABE num sistema PHR de grande escala, questões importantes como a escalabilidade da gestão de chaves, as actualizações dinâmicas de políticas e a revogação eficiente a pedido não são triviais de resolver e permanecem em aberto. Para este fim, fazemos as seguintes contribuições principais:

1. Propomos uma nova estrutura baseada em ABE para a partilha segura de PHRs centrada no paciente em ambientes de computação em nuvem, em contextos de múltiplos proprietários. Para enfrentar os desafios da gestão de chaves, dividimos concetualmente os utilizadores no systTIGTem em dois tipos de domínios, nomeadamente domínios públicos e pessoais (PSDs). Em particular, a maioria dos utilizadores profissionais é gerida de forma distributiva por autoridades de atribuição no primeiro, enquanto cada proprietário só precisa de gerir as chaves de um pequeno número de utilizadores no seu domínio pessoal. Desta forma, a nossa estrutura pode lidar simultaneamente com diferentes tipos de requisitos das aplicações de partilha de PHR, ao mesmo tempo que incorre numa sobrecarga mínima de gestão de chaves tanto para os proprietários como para os utilizadores do sistema. Além disso, a estrutura impõe o controlo do acesso de escrita, lida com actualizações dinâmicas de políticas e fornece acesso sem restrições aos PHRs em cenários de emergência.
2. No domínio público, utilizamos o ABE multiautoritário (MA-ABE) para melhorar a segurança e evitar o problema do depósito de chaves. Cada autoridade de atributo (AA) governa um subconjunto disjunto de atributos do papel do utilizador, enquanto nenhuma delas, por si só, é capaz de controlar a segurança de todo o sistema. Propomos mecanismos para a distribuição e encriptação de chaves para que os proprietários de PHR possam especificar políticas de acesso personalizadas baseadas em funções durante a encriptação de ficheiros. No domínio pessoal, os proprietários atribuem diretamente privilégios de acesso a utilizadores pessoais e encriptam um ficheiro PHR de acordo com os seus atributos de dados. Além disso, melhoramos o MA-ABE apresentando um esquema de revogação de utilizador/atributo eficiente e a pedido, e provamos a sua segurança sob pressupostos de segurança padrão. Desta forma, os pacientes têm total controlo da privacidade dos seus PHRs.
3. Apresentamos uma análise exaustiva da complexidade e da escalabilidade da nossa proposta de solução segura de partilha de PHR, em termos de múltiplas métricas de computação, comunicação, armazenamento e gestão de chaves. Também comparamos o nosso esquema com vários outros anteriores em termos de complexidade, escalabilidade e segurança. Além disso, demonstramos a eficiência do nosso esquema implementando-o numa estação de trabalho moderna e realizando experiências/simulações.

Em comparação com a versão preliminar deste documento [1], há várias contribuições adicionais principais: 1) Esclarecemos e alargamos a nossa utilização do MA-ABE no domínio público, e mostramos formalmente como e que tipos de políticas de acesso a ficheiros definidas pelo utilizador são realizadas. 2) Esclarecemos o esquema MA-ABE revogável proposto e fornecemos uma prova de segurança formal para ele. 3) Realizamos experiências reais e simulações para avaliar o desempenho da solução proposta neste documento.

## 1.2 NECESSIDADE DO SISTEMA PROPOSTO

### 1.2.1 SISTEMA PROPOSTO

Para garantir o controlo dos pacientes sobre o acesso aos seus próprios PHRs, é um método promissor encriptar os PHRs antes de os externalizar. Neste documento, propomos um novo quadro centrado no paciente e um conjunto de mecanismos para o controlo do acesso aos dados dos PHR armazenados em servidores semi-confiáveis. Para conseguir um controlo de acesso aos dados dos PHRs com uma granularidade fina e escalável, utilizamos técnicas de cifragem baseada em atributos (ABE) para cifrar o ficheiro PHR de cada paciente.

Para garantir um controlo da privacidade centrado no paciente sobre os seus próprios PHRs, é essencial dispor de mecanismos de controlo do acesso aos dados de granularidade fina que funcionem com servidores semi-confiáveis.

Para proteger os dados pessoais de saúde armazenados num servidor semi-confiável, adoptamos a encriptação baseada em atributos (ABE) como a principal primitiva de encriptação. Utilizando a ABE, as políticas de acesso são expressas com base nos atributos dos utilizadores ou dos dados, o que permite a um doente partilhar seletivamente o seu PHR entre um conjunto de utilizadores, encriptando o ficheiro com um conjunto de atributos, sem necessidade de conhecer uma lista completa de utilizadores.

Concentramo-nos no cenário de vários proprietários de dados e dividimos os utilizadores do sistema PHR em vários domínios de segurança, o que reduz consideravelmente a complexidade da gestão de chaves para proprietários e utilizadores. Neste documento, colmatamos as lacunas acima referidas propondo um quadro de segurança unificado para a partilha de PHRs centrada no doente num sistema PHR multi-domínio e multi-autoridade com muitos utilizadores. O quadro capta os requisitos a nível da aplicação da utilização pública e pessoal dos PHRs de um doente e distribui a confiança dos utilizadores por várias autoridades, o que reflecte melhor a realidade

# CAPÍTULO 2

## PESQUISA BIBLIOGRÁFICA

J. Hur e D. K. Noh em [23] "Attribute-Based Access Control with Efficient Revocation in Data Outsourcing Systems" propuseram dois CP-ABE (Ciphertext Policy- Attribute Based encryption) que não foram concebidos para Multi Authority Attribute Based Encryption (MA-ABE).

S. Ruj, A. Nayak e I. Stojmenovic em [25] DACC: "Distributed Access Control (DACC) in Clouds" propôs um Controlo de Acesso Distribuído (DAC) que não esconde a estrutura de acesso da nuvem.

Y. Zheng em [36] "Privacy-Preserving Personal Health Record System Using Attribute-Based Encryption" propôs uma encriptação baseada em atributos de política de chaves (KP- ABE) em que o custo de tempo da biblioteca ABE reduz significativamente o benefício de segurança.

S. Jahid, P. Mittal e N. Borisov em [24] Easier: "Encryption-Based Access Control in Social Networks with Efficient Revocation" propuseram um algoritmo EASIER em que não são alcançadas garantias de segurança mais fortes.

M. Li, S. Yu, N. Cao, e W. Lou em [3] "Authorized Private Keyword Search over Encrypted Personal Health Records in Cloud Computing" propuseram uma encriptação hierárquica de predicados (HPE), que está limitada a consultas de uma só palavra-chave, o que é inadequado para aplicações de pesquisa de PHR no mundo real. A pesquisa é intrinsecamente difícil.

S. Yu, C. Wang, K. Ren e W. Lou em [15] "Attribute Based Data Sharing with Attribute Revocation" (Partilha de dados baseada em atributos com revogação de atributos) propuseram uma encriptação baseada em atributos de política de chaves (KP-ABE) que seria ineficiente porque cada utilizador receberia muitas chaves de vários proprietários.

S. Narayan, M. Gagne', and R. Safavi-Naini in [16] "Privacy Preserving EHR System Using Attribute-Based Infrastructure "proposed a Broadcast Ciphertext Policy ABE in which multiple authorities is not supported.

X. Liang, R. Lu, X. Lin, e X.S. Shen em [22] "Ciphertext Policy Attribute Based Encryption with Efficient Revocation "propuseram um sistema de encriptação bilateral decisional para a política de cifragem. DiffieHellman (DBDH), em que o tamanho da chave secreta do utilizador é elevado. Não atinge uma segurança completa para trás/para a frente e é menos eficiente.

C. Dong, G. Russello, e N. Dulay. em [10] "Shared and Searchable Encrypted Data for Untrusted Servers" propuseram uma encriptação de dados pesquisável por vários utilizadores em que o servidor não pode efetuar operações avançadas como a pesquisa por palavras-chave.

M. Li, S. Yu, K. Ren e W. Lou em [1] "Patient-centric and Fine-grained Data Access Control in Multi owner Settings" propuseram uma encriptação baseada em atributos (ABE) que não melhora o esquema MA-ABE para suportar mais políticas de acesso definidas pelo proprietário.

M. Li, W. Lou e K. Ren, em [12] "Data Security And Privacy In Wireless Body Area Networks" (Segurança e privacidade dos dados em redes corporais sem fios), propuseram uma rede corporal sem fios que não proporciona WBANs seguras, fiáveis e com maior privacidade.

H. Lo" hr, A.-R. Sadeghi, and M. Winandy in [2] "Securing the E-Health cloud" proposed a TVD(Trusted Virtual Domains) this is a address usability problems in this area.

L. Ibraimi, M. Asim, and M. Petkovic in [18] "Secure Management of Personal Health Records by Applying Attribute-Based Encryption" proposed a new Variant of Ciphertext policy ABE this Didnt formally provide the security proof for their proposed scheme.

M. Chase e S.S. Chow em [21] "Improving Privacy and Security in MultiAuthority Attribute-Based Encryption" propuseram uma ABE multi-autoridade em que o tamanho do parâmetro público depende de um número máximo fixo de atributos permitidos no texto cifrado.

S. Mu" ller, S.Katzenbeser, C. Eckert em [33] "Distributed Attribute-Based Encryption proposed a CP-ABE (Cipher Policy Attribute-Based Encryption)" em que a política de acesso tem de estar na forma DNF.

L. Ibraimi, M. Petkovic, S. Nikova, P. Hartel e W. Jonker em [14] "CiphertextPolicy Attribute-Based ThresholdDecryption with Flexible Delegation and Revocation of User Attributes" propuseram um CP-ABTD (Ciphertext-Policy Attribute-Based Threshold Decryption) que não fornece as propriedades de delegação e revogação de atributos flexíveis, sem envolver um mediador na arquitetura do sistema.

J. Benaloh, M. Chase, E. Horvitz e K. Lauter em [8] "Patient Controlled Encryption: Ensuring Privacy of Electronic Medical Records" propôs uma PCE (Patient Controlled Encryption - encriptação controlada pelo doente), que é um cenário de um único proprietário de dados, pelo que não é fácil acrescentar categorias.

A. Boldyreva, V. Goyal, and V. Kumar, in [13] "Identity-based Encryption with Efficient Revocation" proposed a Identity-based encryption (IBE) which is particularly useful where a large number of users is involved and scalability is an issue.

J.Bethenco-urt, A. Sahai e B. Waters em [19] "Ciphertext-Policy AttributeBased Encryption" propuseram um CP-ABE (Ciphertext Policy Attribute Based Encryption) em que a concessão de um atributo adicional é difícil.

V. Goyal, O. Pandey, A. Sahai, and B. Waters in [11] "Attribute-Based Encryption for Fine-Grained Access Control of Encrypted Data" proposed a ABE (Attribute-Based Encryption ) which does not hide the set of attributes under which the data is encrypted.

A. Lewko and B. Waters in [26] "Decentralizing Attribute-Based Encryption" proposed a Multi-Authority ABE (Attribute Based Encryption) which requires a designatedcentral authority.

# CAPÍTULO 3

## REQUISITOS DO SISTEMA

### 3.1 REQUISITOS DE HARDWARE:

> Processador : Qualquer processador acima de 500 MHz.
> Ram : 128Mb.
> Disco rígido : 10 GB.
> Disco compacto: 650 Mb.
> Dispositivo de entrada : Teclado e rato padrão.
> Dispositivo de saída : VGA e monitor de alta resolução.

### 3.2 REQUISITO DE SOFTWARE:

> Sistema operativo : Família Windows.
> Língua : J2EE (Servlet).
> Bases de dados : Armazenamento de dados do Google App Engine e armazenamento Blob.
> Extremidade frontal : Jsp.
> IDE : Eclipse juno 4.2.

### 3.2.1 JAVASCRIPT

O JavaScript é uma linguagem de programação baseada em scripts que foi desenvolvida pela Netscape Communication Corporation. O JavaScript foi originalmente designado por Live Script e renomeado como JavaScript para indicar a sua relação com Java. O JavaScript suporta o desenvolvimento de componentes cliente e servidor de aplicações baseadas na Web. No lado do cliente, pode ser utilizado para escrever programas que são executados por um navegador Web no contexto de uma página Web. No lado do servidor, pode ser utilizado para escrever programas de servidor Web que podem processar informações enviadas por um navegador Web e, em seguida, atualizar o ecrã do navegador em conformidade. Apesar de o JavaScript suportar a programação Web do cliente e do servidor, preferimos o JavaScript na programação do lado do cliente, uma vez que a maioria dos browsers o suporta. O JavaScript é quase tão fácil de aprender como o HTML, e as instruções JavaScript podem ser incluídas em documentos HTML, incluindo as instruções entre um par de etiquetas de scripting.

*<Script>............... </Script>*
*<Script Language = "JavaScript">*
*Instruções JavaScript*
*</Script>*

### 3.2.2 TECNOLOGIA JAVA

A principal motivação da linguagem java foi a necessidade de uma linguagem independente de plataforma (ou seja, neutra em termos de arquitetura) que pudesse ser utilizada para criar software a ser incorporado em vários dispositivos electrónicos de consumo.

1. Java é uma linguagem de programação.
2. Java é coesa e coerente.
3. Exceto no que diz respeito às restrições impostas pelo ambiente da Internet, Java dá ao programador o controlo total.
4. Finalmente, Java está para a programação da Internet como C estava para a programação de sistemas.

**O JAVA PODE SER UTILIZADO PARA CRIAR DOIS TIPOS DE PROGRAMAS**

Aplicações e Applets: Uma aplicação é um programa que corre no nosso computador com o sistema operativo desse computador. É mais ou menos como um programa criado em C ou C++. A capacidade do Java para criar Applets torna-o importante. Um applet é uma aplicação concebida para ser transmitida pela Internet e executada por um navegador Web compatível com Java. Um applet é, na realidade, um pequeno programa Java, descarregado dinamicamente através da rede, tal como uma imagem. Mas a diferença é que se trata de um programa inteligente e não apenas de um ficheiro multimédia. Pode reagir ao input do utilizador e mudar dinamicamente.

**O CÓDIGO BYTE**

A chave que permite a Java resolver os problemas de segurança e portabilidade é o facto de o resultado do compilador Java ser o código Byte. O código Byte é um conjunto de instruções altamente optimizado, concebido para ser executado pelo sistema de tempo de execução Java, denominado Máquina Virtual Java

(JVM). Ou seja, na sua forma padrão, a JVM é um intérprete para código de bytes. A tradução de um programa Java em código de bytes ajuda a facilitar a execução de um programa numa grande variedade de ambientes. A razão é que, uma vez que o pacote de tempo de execução existe para um determinado sistema, qualquer programa Java pode ser executado nele.

**MÁQUINA VIRTUAL JAVA (JVM)**

Para além da linguagem, existe a máquina virtual Java. A máquina virtual Java é um importante elemento da tecnologia Java. A máquina virtual pode ser incorporada num navegador Web ou num sistema operativo. Uma vez carregada numa máquina, uma parte do código Java é verificada. Como parte do processo de carregamento, é invocado um carregador de classes que efectua a verificação do código de bytes para se certificar de que o código gerado pelo compilador não corrompe a máquina em que é carregado. A verificação do código de bytes tem lugar no final do processo de compilação para garantir que tudo está correto e exato. Assim, a verificação do código de bytes é parte integrante da compilação e execução do código Java.

**DESCRIÇÃO GERAL**

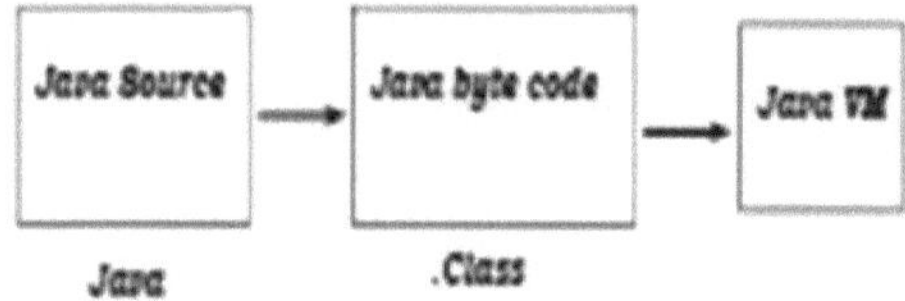


Figura 3.1 Processo de desenvolvimento do programa JAVA

A programação Java utiliza para produzir códigos de bytes e executá-los. A primeira caixa indica que o código fonte Java está localizado num ficheiro .Java que é processado com um compilador Java chamado Javac. O compilador Java produz um ficheiro chamado ficheiro .class, que contém o código de bytes. O ficheiro .class é então carregado através da rede ou carregado localmente na sua máquina para o ambiente de execução que é a máquina virtual Java, que interpreta e executa o código de bytes.

**ARQUITECTURA JAVA**

A arquitetura Java proporciona um ambiente de desenvolvimento portátil, robusto e de elevado desempenho. Java proporciona portabilidade através da compilação dos códigos de bytes para a máquina virtual Java, que é depois interpretada em cada plataforma pelo ambiente de tempo de execução. Java é um sistema dinâmico, capaz de carregar código quando necessário a partir de uma máquina na mesma sala ou do outro lado do planeta.

**COMPILAÇÃO DE CÓDIGO**

Quando compila o código, o compilador Java cria código de máquina (chamado bytecode) para uma máquina hipotética chamada Java Virtual Machine (JVM). A JVM é suposto executar o código byte. A JVM é criada para ultrapassar a questão da portabilidade. O código é escrito e compilado para uma máquina e interpretado em todas as máquinas. Esta máquina é designada por Máquina Virtual Java.

## 3.2.3 SERVIÇOS

Os servlets fornecem uma solução baseada em Java(TM) utilizada para resolver os problemas atualmente associados à programação do lado do servidor, incluindo soluções de script inextensíveis, APIs específicas da plataforma e interfaces incompletas. Os servlets são módulos que alargam os servidores orientados para o pedido/resposta, como os servidores Web com Java. Por exemplo, um servlet pode ser responsável por receber dados num formulário de encomenda HTML e aplicar a lógica comercial utilizada para atualizar a base de dados de encomendas de uma empresa.

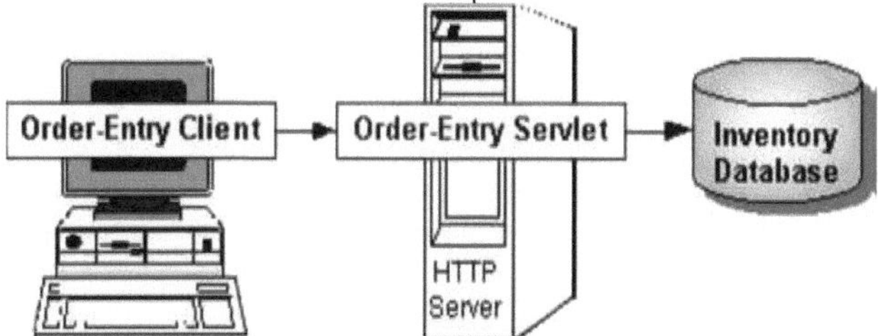


**Figura 3.2 Função Servlet**

As Servlets estão para os servidores como as applets estão para os browsers. No entanto, ao contrário das applets, as Servlets não têm interface gráfica de utilizador. As servlets podem ser incorporadas em muitos servidores diferentes porque a API de servlets, que é utilizada para escrever servlets, não assume nada sobre o ambiente ou o protocolo do servidor. Os servlets têm sido mais amplamente utilizados em servidores HTTP, muitos servidores Web suportam a API de servlets.

**A INTERFACE DO SERVLET**

A abstração central da API Servlet é a interface Servlet. Todos os Servlets implementam esta interface, quer diretamente quer, mais frequentemente, estendendo uma classe que a implementa, como HttpServlet.

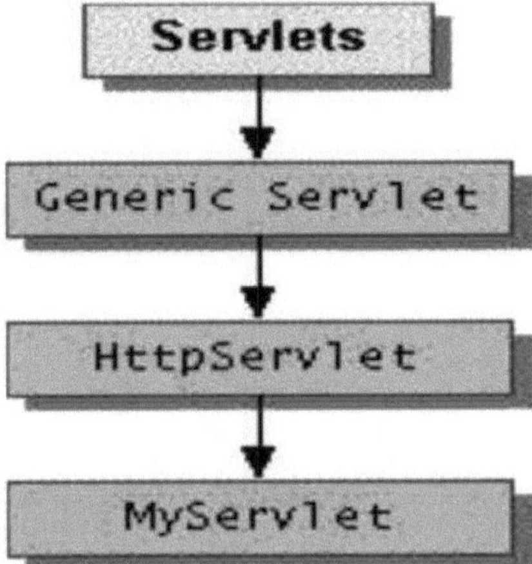


**Figura 3.3 Interface Servlet**

A interface Servlet declara, mas não implementa, métodos que gerem o servlet e as suas comunicações com os clientes. Os autores de servlets fornecem alguns ou todos esses métodos ao desenvolver um servlet.

**INTERACÇÃO COM O CLIENTE**

Quando um servlet aceita um

1. Um ServletRequest, que encapsula a comunicação entre o cliente e o servidor.
2. Um ServletResponse, que encapsula a comunicação do servlet com o cliente.
3. Encriptação de ServletRequest e ServletResponse

**A INTERFACE DE PEDIDO DE SERVLET**

A interface ServletRequest permite ao servlet aceder a informações como os nomes dos parâmetros transmitidos pelo cliente, o protocolo (esquema) utilizado pelo cliente e os nomes do anfitrião remoto que efectuou o pedido e do servidor que recebe o fluxo de entrada, ServletInputStream. As servlets utilizam o fluxo de entrada para obter dados de clientes que utilizam protocolos de aplicação, como os métodos HTTP POST e PUT.

As interfaces que estendem a interface ServletRequest permitem que o servlet recupere mais dados específicos do protocolo. Por exemplo, a interface HttpServletRequest contém métodos para aceder a informações de cabeçalho específicas de HTTP.

**A INTERFACE DE RESPOSTA DO SERVLET**

A interface ServletResponse fornece ao servlet métodos para responder ao cliente.

- Permite que o servlet defina o comprimento do conteúdo e o tipo MIME da resposta.
- Fornece um fluxo de saída, ServletOutputStream, e um Writer através do qual o servlet pode enviar os dados de resposta.

As interfaces que estendem a interface ServletResponse dão ao servlet mais capacidades específicas de protocolo. Por exemplo, a interface HttpServletResponse contém métodos que permitem ao servlet manipular informações de cabeçalho específicas do HTTP.

**CICLO DE VIDA DO SERVLET**

Cada servlet tem o mesmo ciclo de vida

1. Um servidor carrega e inicializa o servlet
2. O servlet trata de zero ou mais pedidos de clientes
3. O servidor remove o servlet

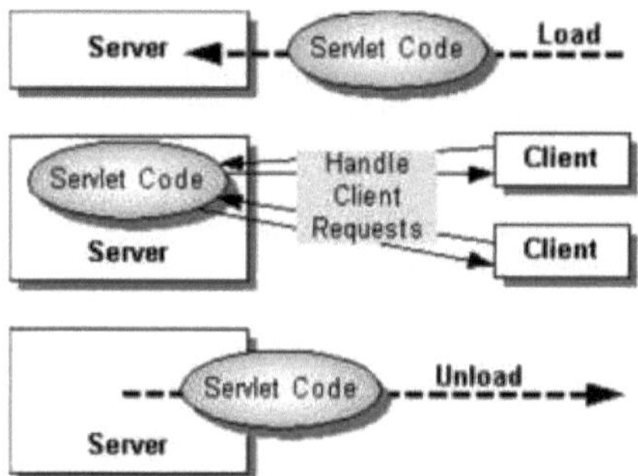


**Figura3.4 Ciclo de vida do servlet**

**3.2.4 PÁGINAS DE SERVIDOR JAVA**

A tecnologia Java Server Pages permite colocar fragmentos de código de servlet diretamente num documento baseado em texto. Uma página JSP é um documento baseado em texto que contém dois tipos de texto: dados de modelo estáticos, que podem ser expressos em qualquer formato baseado em texto, como HTML e XML, e elementos JSP, que determinam a forma como a página constrói conteúdo dinâmico

Java Server Page™ (JSP): Uma tecnologia Web extensível que utiliza elementos personalizados de dados de modelo, linguagens de script e servidor para um cliente. Normalmente, os dados do modelo são elementos HTML ou XML e, em muitos casos, o cliente é um navegador Web. Podemos desenvolver a aplicação de acordo com o modelo JSP1 , como se mostra

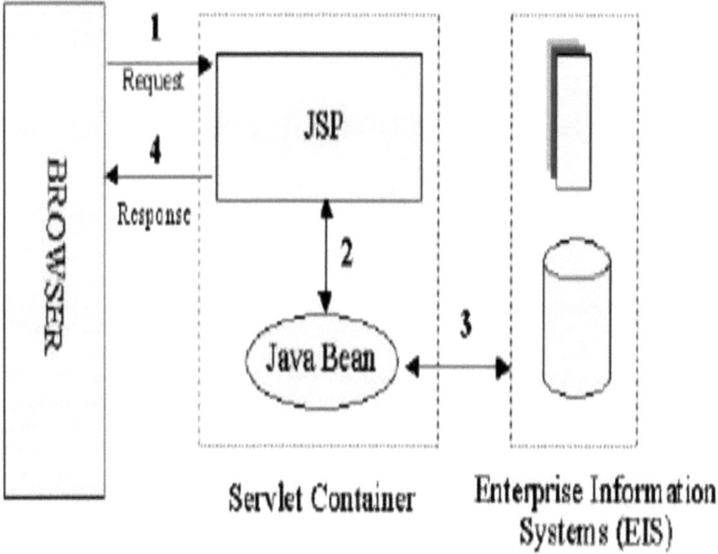


**Figura 3.5 Modelo JSP1**

Para o URL de

*http://host/OrderConfirmation.jsp?title=Core+Web+Programação: Obrigado pela encomenda*

*<I><%= request.getParameter("title") %></I>*

Normalmente, as pessoas dão ao seu ficheiro uma extensão .jsp e instalam-no em qualquer local onde possam colocar uma página Web normal. Embora o que elas escrevem muitas vezes pareça mais como um arquivo HTML normal do que um servlet, nos bastidores, a página JSP simplesmente é convertida em um servlet normal, com o HTML estático simplesmente sendo impresso no fluxo de saída associado ao método de serviço do servlet. Isso normalmente é feito na primeira vez que a página é solicitada, e os desenvolvedores podem simplesmente solicitar a página eles mesmos ao instalá-la pela primeira vez, se quiserem ter certeza de que o primeiro usuário real não terá um atraso momentâneo quando a página JSP for traduzida para um servlet e o servlet for compilado e carregado. Observe também que muitos servidores Web permitem definir aliases para que um URL que pareça fazer referência a um arquivo HTML realmente aponte para um servlet ou página JSP.

### 3.2.5 VISÃO GERAL DA PLATAFORMA J2EE

A plataforma J2EE foi concebida para fornecer suporte do lado do servidor e do lado do cliente para o desenvolvimento de aplicações distribuídas e de vários níveis. Essas aplicações são normalmente configuradas como um nível de cliente para fornecer a interface do utilizador, um ou mais módulos de nível intermédio que fornecem serviços de cliente e lógica comercial para uma aplicação, e sistemas de informação empresarial back-end que fornecem gestão de dados.

### MODELO MULTINÍVEL

A plataforma J2EE fornece um modelo de aplicação distribuída de várias camadas. Isto significa que as várias partes de uma aplicação podem ser executadas em diferentes dispositivos. A arquitetura J2EE define um nível de cliente, um nível intermédio (constituído por um ou mais subníveis) e um nível de back-end. A camada de cliente suporta uma variedade de tipos de clientes, tanto fora como dentro das firewalls da empresa. A camada intermédia suporta serviços de cliente através de contentores Web na camada Web e suporta serviços de componentes de lógica empresarial através de JavaBeans TM. No back-end, os sistemas de informação da empresa no nível são acessíveis através de APIs padrão (Interfaces de Programação de Aplicações).

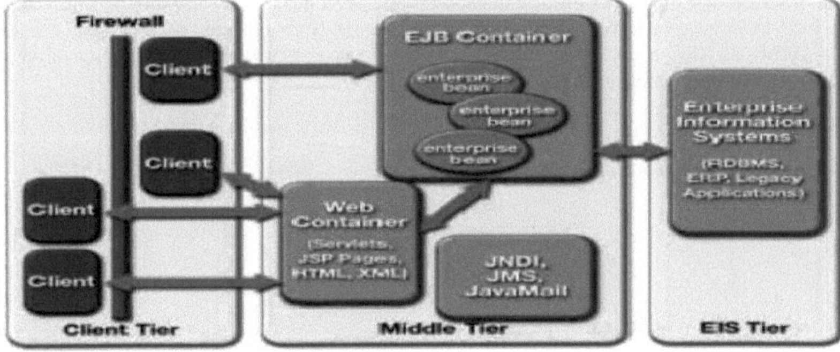


**Figura 3.6. Modelo multicamadas da plataforma J2EE**

central para o modelo de desenvolvimento baseado em componentes J2EE é a noção de contentores. Os contentores são ambientes de tempo de execução normalizados que fornecem serviços específicos aos componentes. Os componentes podem esperar que esses serviços estejam disponíveis em qualquer plataforma J2EE de qualquer fornecedor. Por exemplo, todos os contentores Web J2EE fornecem suporte em tempo de execução para responder a pedidos de clientes, efetuar processamento em tempo de pedido (como invocar páginas JSP ou comportamento de servlet) e devolver resultados ao cliente. Além disso, fornecem APIs para suportar a gestão de sessões do utilizador. Todos os contentores Web fornecem suporte automatizado para a gestão de transacções e do ciclo de vida dos componentes Web, bem como a pesquisa de feijões e outros serviços. Os contentores também fornecem acesso normalizado a sistemas de informação empresariais, por exemplo, fornecendo acesso a dados relacionais através da API JDBC. Além disso, os contentores fornecem um mecanismo para selecionar os comportamentos da aplicação no momento da montagem ou da implementação. Através da utilização de descritores de implementação (ficheiros XML que especificam componentes e contentores
), os componentes podem ser configurados para o ambiente de um contentor específico quando implantados, em vez de no código do componente. As caraterísticas que podem ser configuradas no momento da implantação incluem verificações de segurança, controlo de transacções e outras responsabilidades de gestão.

### 3.2.6 HTML

HTML (Hypertext Markup Language) é a linguagem de marcação predominante para páginas Web. Fornece um meio para descrever a estrutura da informação baseada em texto num documento, designando determinado texto como títulos, parágrafos, listas, etc., e para complementar esse texto com formulários interactivos, imagens incorporadas e outros objectos. O HTML é escrito sob a forma de etiquetas (conhecidas como tags), rodeadas por parêntesis angulares. O HTML também pode descrever, até certo ponto, a aparência e a semântica de um documento, e pode incluir código de linguagem de script incorporado que pode afetar o comportamento dos navegadores Web e de outros processadores HTML. A linguagem de marcação de hipertexto (HTML), a linguagem da World Wide Web (WWW), permite aos utilizadores produzir páginas Web que incluem texto, gráficos e apontadores para outras páginas Web (hiperligações). A HTML não é uma linguagem de programação, mas é uma aplicação da norma ISO 8879, SGML (Standard Generalized Markup Language), mas especializada em hipertexto e adaptada à Web. A ideia subjacente ao hipertexto é que, em vez de ler o texto numa estrutura linear rígida , podemos saltar facilmente de um ponto para outro. Podemos navegar pela informação com base no nosso interesse e preferência. Uma linguagem de marcação é simplesmente uma série de elementos, cada um delimitado por caracteres especiais que definem a forma como o texto ou outros itens incluídos nos elementos devem ser apresentados.

**ETIQUETAS HTML BÁSICAS**

<! -- -->especifica as observações

<A>..........</A>Cria ligações de hipertexto

<B>..........</B> Formata o texto como negrito

<BIG>..........</BIG>Formata o texto em letra grande.

<BODY>...</BODY>Contém todas as etiquetas e texto do documento HTML

<DD>...</DD>Definição de um termo

<DL>...</DL>Cria uma lista de definições

<FONT>...</FONT> Formata o texto com um tipo de letra específico

<FORM>...</FORM> Inclui um formulário de preenchimento

<FRAME>...</FRAME>Define um determinado fotograma num conjunto de fotogramas

<H#>...</H#>Cria rubricas de diferentes níveis (1 - 6)

<HEAD>...</HEAD>Contém etiquetas que especificam informações sobre um documento

<HR>...</HR> Cria uma regra horizontal

<HTML>...</HTML>Contém todas as outras etiquetas HTML

<META>...</META> Fornece meta-informação sobre um documento

<SCRIPT>...</SCRIPT> Contém script do lado do cliente ou do lado do servidor

<TABLE>...</TABLE>Cria uma tabela

<TD>...</TD>Indica dados de tabela numa tabela

<TR>...</TR> Designa uma linha da tabela <TH>...</TH> Cria um título numa tabela

**VANTAGENS DO HTML**

1. Um documento HTML é pequeno e, por isso, fácil de enviar através da Internet.
2. É pequeno porque não inclui informação formatada.
3. O HTML é independente da plataforma.
4. As etiquetas HTML não diferenciam maiúsculas de minúsculas.

# CAPÍTULO 4

## ANÁLISE E CONCEPÇÃO DE SISTEMAS

### 4.1. CONCEPÇÃO ARQUITECTÓNICA

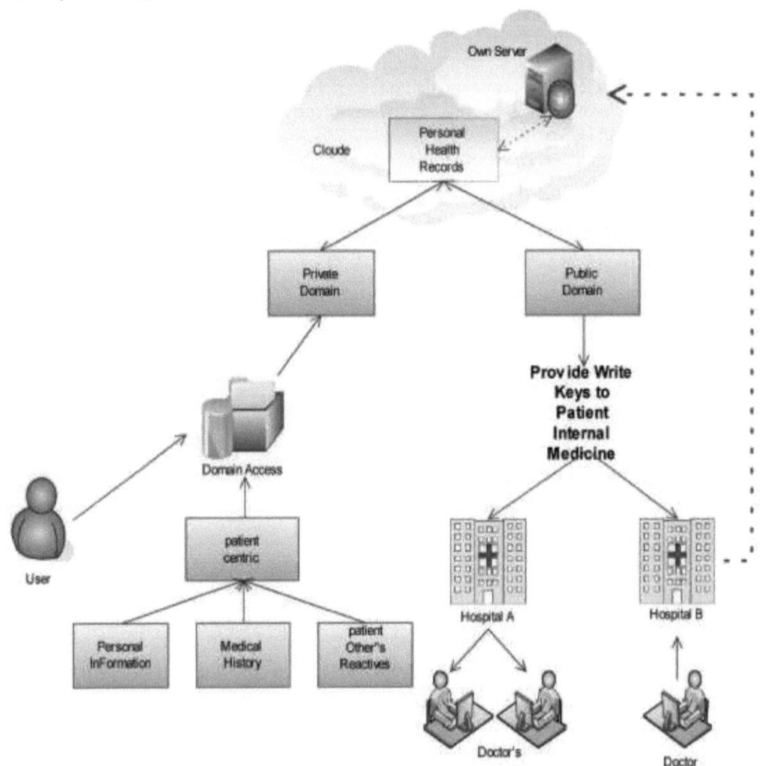


**Figura 4.1 Diagrama da arquitetura do sistema**

O processo de conceção para identificar os subsistemas que compõem um sistema e o quadro de controlo e comunicação dos subsistemas é a conceção arquitetónica. Representa a ligação entre os processos de especificação e de conceção. Frequentemente realizado em paralelo com algumas actividades de especificação. Implica a identificação dos principais componentes do sistema e das suas comunicações. A conceção arquitetónica é um processo criativo, pelo que o processo difere consoante o tipo de sistema a desenvolver. Os sistemas do mesmo domínio têm frequentemente arquitecturas semelhantes que reflectem os conceitos do domínio.

### 4.2 DIAGRAMA DE FLUXO DE DADOS

Um diagrama de fluxo de dados (DFD) é uma representação gráfica do "fluxo" de dados através de um sistema de informação, modelando os seus aspectos processuais. Um DFD mostra os tipos de dados que entrarão e sairão do sistema, de onde os dados virão e para onde irão, e onde os dados serão armazenados. Não mostra informações sobre o tempo dos processos, nem informações sobre se os processos funcionarão em sequência ou em paralelo.

Os diagramas de fluxo de dados podem ser utilizados para dar ao utilizador final uma ideia física de onde os dados que introduzem acabam por ter um efeito sobre a estrutura de todo o sistema, desde a encomenda à expedição e ao relatório. A forma como qualquer sistema é desenvolvido pode ser determinada através de um modelo de diagrama de fluxo de dados. No decurso do desenvolvimento de um conjunto de diagramas de fluxo de dados nivelados, o analista/construtor é forçado a abordar a forma como o sistema pode ser decomposto em subsistemas componentes e a identificar os dados de transação no modelo de dados. Os símbolos utilizados no DFD são os seguintes,

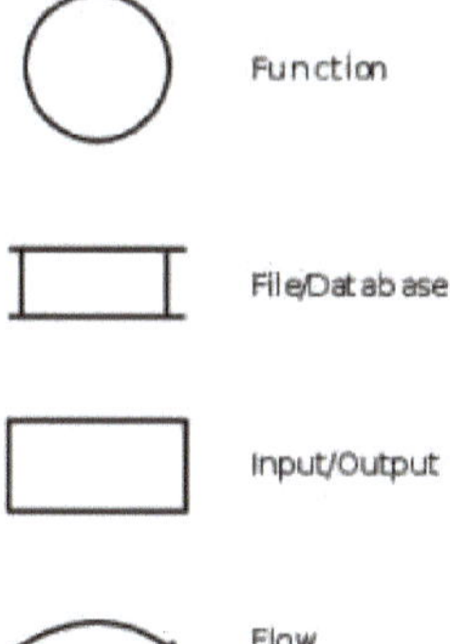


**SÍMBOLO DE FUNÇÃO:**

Uma função é representada por um círculo. Este símbolo é designado por processo ou bolha e efectua algum processamento dos dados de entrada.

**FICHEIRO/SÍMBOLO DE BASE DE DADOS:**

Um ficheiro lógico pode representar um símbolo de armazenamento de dados, que pode representar uma estrutura de dados, ou um ficheiro físico no disco. Cada armazenamento de dados está ligado a um processo através do símbolo de fluxo. A direção do fluxo de dados indica se um dado está a ser lido ou escrito no armazenamento de dados.

**SÍMBOLO DE ENTRADA / SAÍDA:**

Este símbolo define uma fonte ou destino de dados do sistema. Representa qualquer entidade que fornece ou recebe informações do sistema, mas que não faz parte do sistema.

**SÍMBOLO DE FLUXO:**

Um arco ou seta direcionada é utilizado como símbolo de fluxo. Um símbolo de fluxo representa o fluxo de dados que ocorre entre dois processos ou entre uma entidade externa e um processo na direção da seta de fluxo de dados.

### 4.2.1 NÍVEL-0- DFD

O diagrama de fluxo de dados (DFD) representa os fluxos de dados entre os diferentes processos de uma empresa. É uma técnica gráfica que representa o fluxo de informação e as transformações que são aplicadas à medida que os dados passam de entrada para saída. Proporciona um método simples e intuitivo para descrever os processos empresariais sem se concentrar nos pormenores dos sistemas informáticos

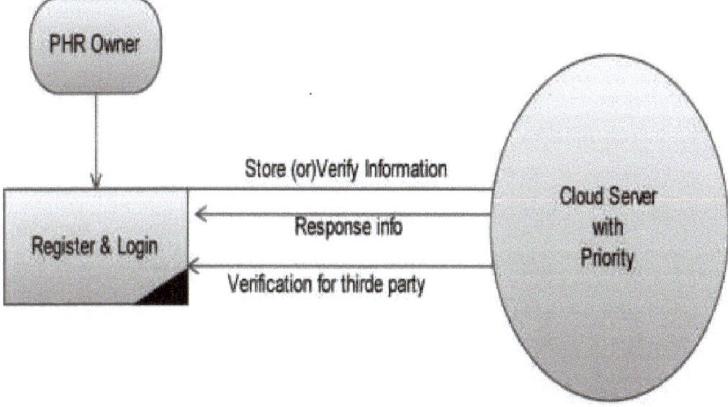


**Figura4.2.1 Nível 0 DFD**

### 4.2.2 NÍVEL -1- DFD

A fase seguinte consiste em criar o Diagrama de Fluxo de Dados de Nível 1. Este destaca as principais funções executadas pelos detalhes do sistema, utilizando o seu próprio diagrama individual. Regra geral, tentamos descrever o sistema. O DFD de nível 1 pega nos subprocessos individuais identificados acima e decompõe cada um deles em mais m, utilizando entre duas e sete funções - sendo duas um sistema simples e sete um sistema complicado.

O DFD de nível 1 apresenta-nos uma visão geral do sistema, uma descrição que poderia resultar de uma entrevista preliminar com os diretores de departamento, por exemplo. Agora temos de examinar cada processo com mais pormenor e decompô-lo noutros processos. Os passos seguintes explicam como isso é feito.

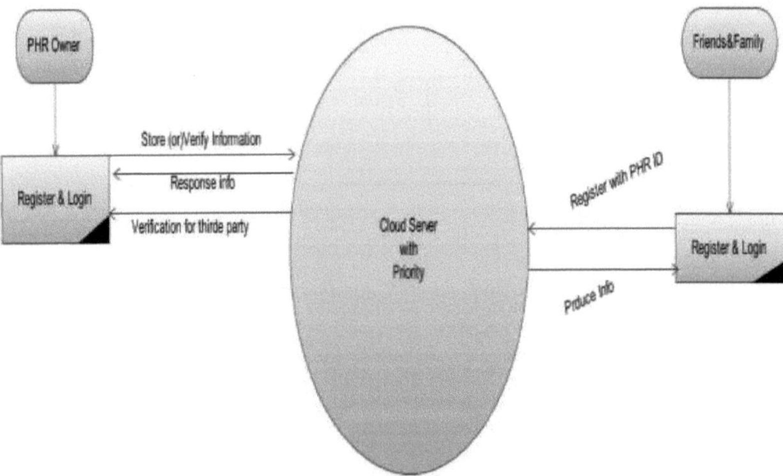


**Figura 4.2.2 DFD de nível 1**

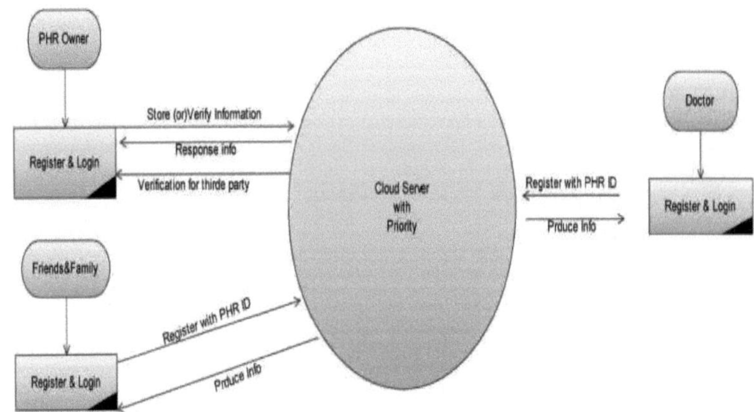


**Figura 4.2.3. DFD de nível 2**

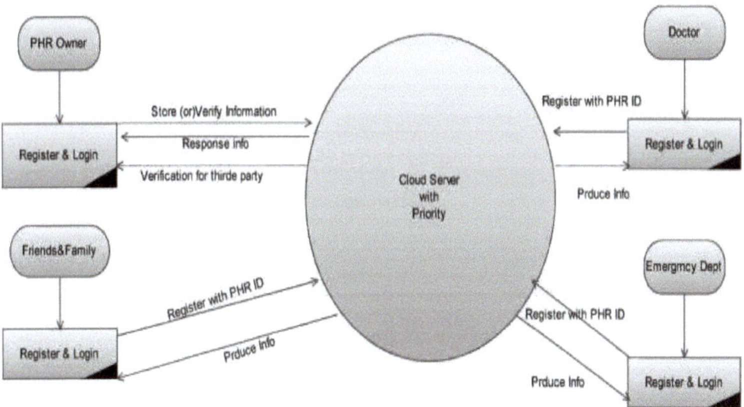


**Fig 4.2.4. Nível 3 do DFD**

## 4.3 DIAGRAMA UML

### 4.3.1 USECASEDIAGRAMA

Um diagrama de casos de utilização na Linguagem de Modelação Unificada (UML) é um tipo de diagrama comportamental definido e criado a partir de uma análise de casos de utilização. O seu objetivo é apresentar uma visão geral gráfica da funcionalidade fornecida por um sistema em termos de actores, os seus objectivos (representados como casos de utilização) e quaisquer dependências entre esses casos de utilização.

O principal objetivo de um diagrama de casos de utilização é mostrar quais as funções do sistema que são desempenhadas por cada interveniente. Os papéis dos actores no sistema podem ser representados.

Um diagrama **de** casos de utilização, na sua forma mais simples, é uma representação da interação de um utilizador com o sistema e descreve as especificações de um caso de utilização. Um diagrama de casos de utilização pode representar os diferentes tipos de utilizadores de um sistema e as várias formas como interagem com o sistema. Este tipo de diagrama é normalmente utilizado em conjunto com o caso de utilização textual e será frequentemente acompanhado por outros tipos de diagramas.

O padrão UML não tem nenhum dispositivo gráfico para mostrar a passagem de dados; em vez disso, ela é mostrada por parâmetros no nome da mensagem e setas de retorno. Os girinos de dados têm sido usados em muitos métodos para indicar o movimento de dados, e muitas pessoas ainda gostam de usá-los com a UML. Os símbolos utilizados nos diagramas de casos de uso são os seguintes

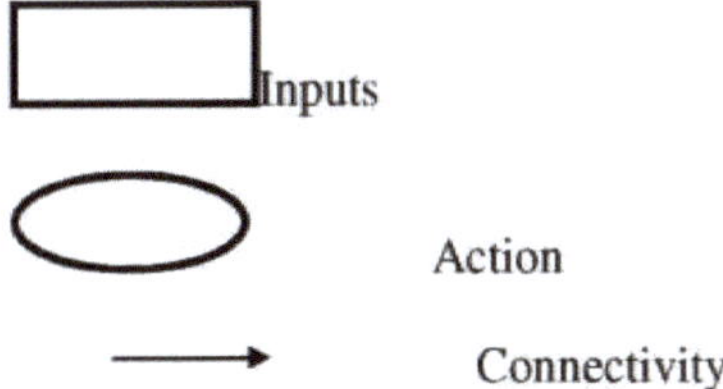


**SÍMBOLO DE ENTRADA / SAÍDA:**

Este símbolo define uma fonte ou destino de dados do sistema. Representa qualquer entidade que fornece ou recebe informações do sistema, mas que não faz parte do sistema.

**SÍMBOLO DE FLUXO:**

Um arco ou seta direcionada é utilizado como símbolo de fluxo. Um símbolo de fluxo representa o fluxo de dados que ocorre entre dois processos ou entre uma entidade externa e um processo na direção da seta de fluxo de dados

**ACÇÃO**

Este é representado através do óvulo, que é utilizado para representar o utilizador envolvido no sistema.

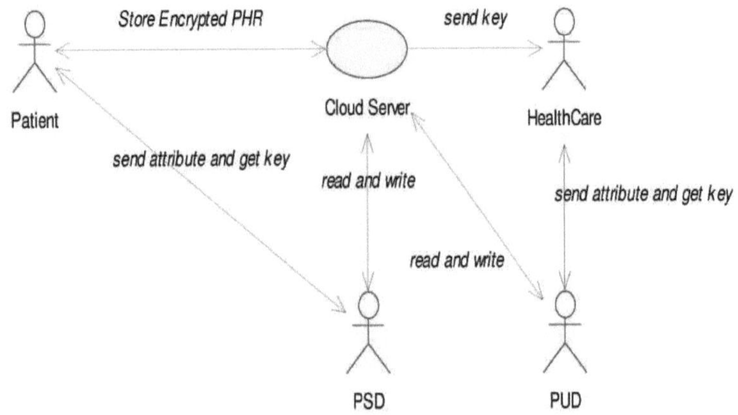


**Figura 4.3.1. Diagrama de casos de uso**

Os casos de utilização tratam apenas dos requisitos funcionais de um sistema. **Os diagramas de casos de utilização** são normalmente referidos como diagramas de comportamento utilizados para descrever um conjunto de acções (casos de utilização) que um sistema ou sistemas (sujeito) devem ou podem realizar em colaboração com um ou mais **utilizadores externos** do sistema (actores). Cada caso de utilização deve proporcionar um resultado observável e valioso para os actores ou outras partes interessadas do sistema.

### 4.3.2 DIAGRAMA DE CLASSES:

O diagrama de classes é o principal elemento da modelação orientada para objectos. É utilizado tanto para a modelação concetual geral da sistemática da aplicação, como para a modelação detalhada, traduzindo os modelos em código de programação. Os diagramas de classes também podem ser utilizados para a modelação de dados[1]. As classes de um diagrama de classes representam os principais objectos, as interações na aplicação e as classes a programar.

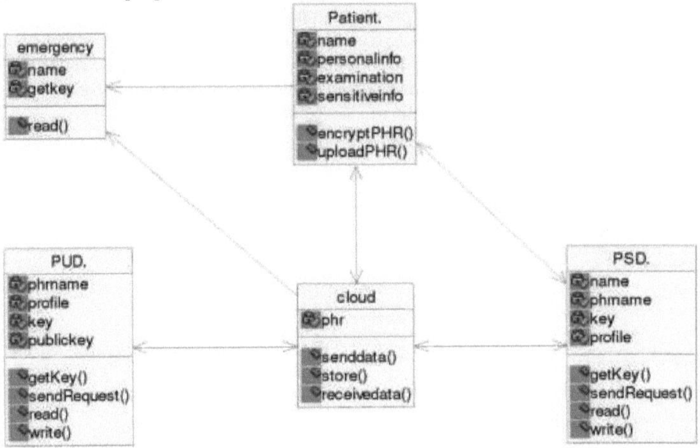


**Figura4.4.6 Diagrama de classes**

### 4.3.3 DIAGRAMA DE SEQUÊNCIA:

Um diagrama de sequência na Linguagem de Modelação Unificada (UML) é um tipo de diagrama de interação que mostra como os processos funcionam uns com os outros e em que ordem. É uma construção de um diagrama de sequência de mensagens. Os diagramas de sequência são por vezes designados por diagramas de traços de eventos, cenários de eventos e diagramas de temporização.

Um diagrama de sequência mostra, sob a forma de linhas verticais paralelas (*linhas de vida*), diferentes processos ou objectos que vivem em simultâneo e, sob a forma de setas horizontais, as mensagens trocadas entre eles, pela ordem em que ocorrem. Isto permite a especificação de cenários simples de tempo de execução de uma forma gráfica.

**Figura4.4.7 Diagrama de sequência**

## 4.3.4 DIAGRAMA DE COLABORAÇÃO:

Os diagramas de colaboração pertencem a um grupo de diagramas UML chamado Diagramas de Interação. Os diagramas de colaboração, assim como os diagramas de seqüência, mostram como os objetos interagem ao longo do tempo. No entanto, em vez de mostrar a seqüência de eventos pelo layout do diagrama, os diagramas de colaboração mostram a seqüência pela numeração das mensagens no diagrama. Isto torna mais fácil mostrar como os objectos estão ligados entre si, mas mais difícil de ver a sequência à primeira vista.

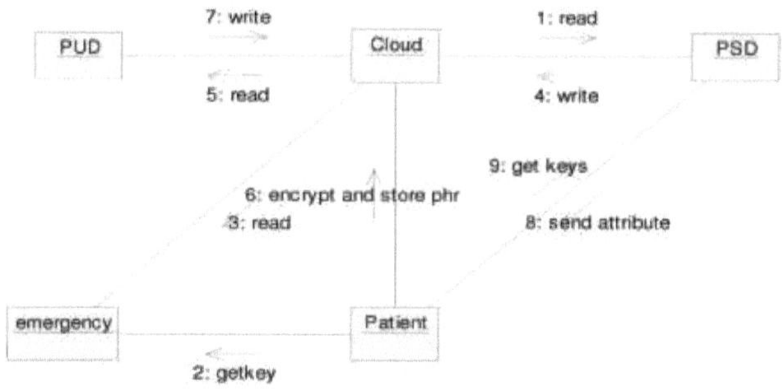


**Figura4.4.8 Diagrama de colaboração**

## 4.3.5 DIAGRAMA ER:

Em engenharia de software, um modelo entidade-relacionamento (modelo ER) é um modelo de dados para descrever os dados ou aspectos de informação de um domínio empresarial ou os seus requisitos de processo, de uma forma abstrata que se presta a ser implementado numa base de dados, como uma base de dados relacional. Os principais componentes dos modelos ER são as entidades (coisas) e as *relações* que podem existir entre elas. No entanto, já existiam variantes da ideia e foram concebidas posteriormente, como as entidades de dados de supertipo e subtipo e as relações de semelhança.

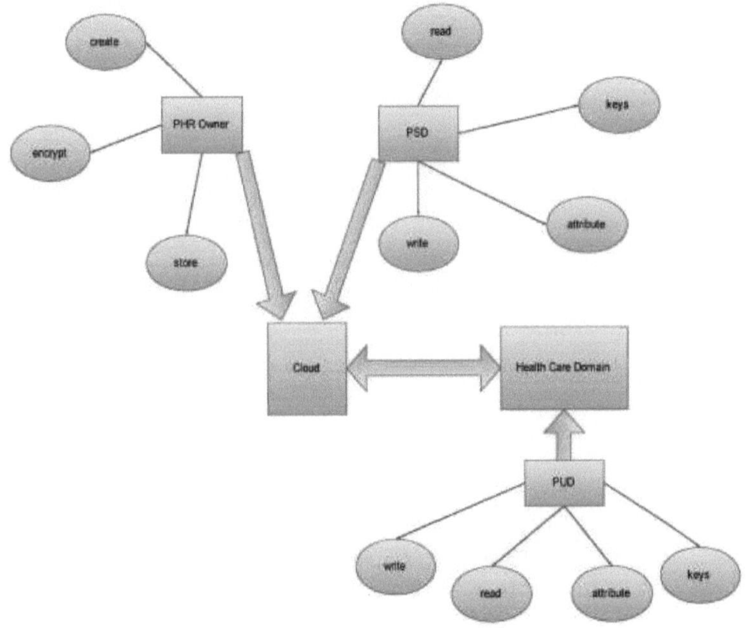


**Figura4.4.9. Diagrama ER**

## 4.4 IMPLEMENTAÇÃO

A implementação é a fase do projeto em que a conceção teórica é transformada num sistema funcional. Assim, pode ser considerada a fase mais crítica para se conseguir um novo sistema bem sucedido e para dar ao utilizador a confiança de que o novo sistema irá funcionar e ser eficaz. A fase de implementação envolve um planeamento cuidadoso, a investigação do sistema existente e dos seus constrangimentos na implementação, a conceção de métodos para conseguir a mudança e a avaliação dos métodos de mudança.

Um **classificador** é uma categoria de elementos da Linguagem de Modelação Unificada (UML) que têm algumas caraterísticas comuns, tais como atributos ou métodos, e é um conceito abstrato de classificação de metaclasses que serve de mecanismo para mostrar interfaces, classes, tipos de dados e componentes que descrevem um conjunto de instâncias que têm caraterísticas comportamentais e estruturais comuns (operações e atributos, respetivamente).

Todos os objectos que podem ter instâncias são classificadores. O principal objetivo da utilização de um classificador é

1. Estimar o desempenho (taxa de erro) de um classificador. Quanto mais baixo for o erro, melhor.
2. Frequentemente utilizado para comparar dois ou mais tipos de classificadores.
3. Comparar o desempenho de dois classificadores.

A técnica de encriptação baseada em atributos alarga a técnica de encriptação baseada em atributos. Ao utilizar a técnica de cifragem baseada em atributos melhorada, estamos a garantir a segurança da base de dados. Se os dados sensíveis forem partilhados e armazenados no servidor da nuvem, será necessário encriptar o texto cifrado com um conjunto de atributos. A chave privada está associada à estrutura de acesso para controlar o texto cifrado que um utilizador pode decifrar.

Estamos a utilizar a cifragem baseada em atributos melhorada (EABE) como principal primitiva de cifragem. Ao utilizar esta EABE, as políticas de acesso são expressas com base nos atributos dos dados do utilizador, o que permite partilhar seletivamente o seu PHR entre um conjunto de utilizadores para encriptar o ficheiro com um conjunto de atributos, sem necessidade de utilizadores completos. A complexidade da encriptação, da geração da chave de segurança e da desencriptação só é linear com um número múltiplo de atributos envolvidos.

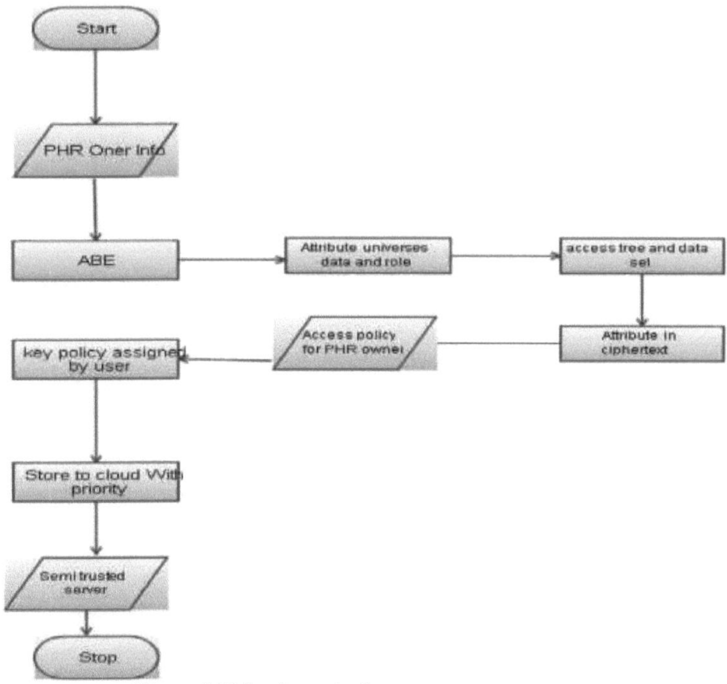


**Figura 4.4.1 Implementação**

## 4.5 DESCRIÇÃO DOS MÓDULOS

### A.FASE DE REGISTO PESSOAL DE SAÚDE

Neste módulo, cada doente encripta o seu registo de saúde pessoal e armazena-o no servidor da nuvem. Uma abordagem viável e promissora seria encriptar os dados antes de os externalizar. Basicamente, o próprio proprietário do PHR deve decidir como cifrar os seus ficheiros e permitir que conjunto de utilizadores tenha acesso a cada ficheiro. Um ficheiro PHR só deve estar disponível para os utilizadores a quem for dada a chave de desencriptação correspondente, mantendo-se confidencial para os restantes utilizadores. Além disso, o doente deve ter sempre o direito não só de conceder, mas também de revogar os privilégios de acesso quando o considerar necessário.

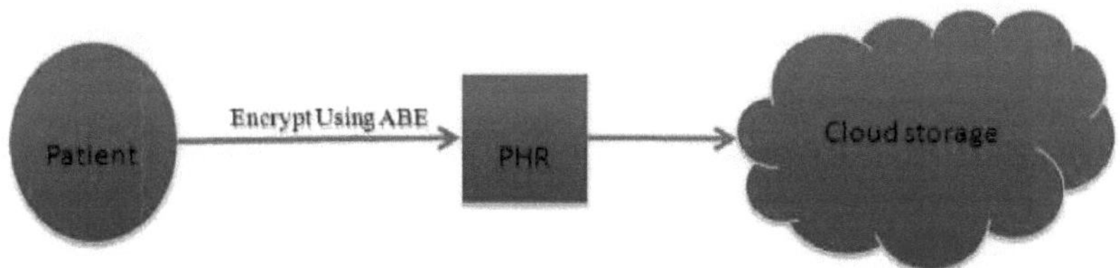


**Figura 4.4.2. Fase do registo de saúde pessoal**

### B. FASE DO DOMÍNIO PESSOAL

Para cada PSD, os seus utilizadores estão pessoalmente associados a um proprietário de dados (como familiares ou amigos próximos), e fazem acessos aos PHRs com base nos direitos de acesso atribuídos pelo proprietário. O PSD apenas lê e escreve as informações pessoais e as receitas médicas do proprietário do PHR.

Cada proprietário de dados (por exemplo, paciente) é uma autoridade de confiança do seu próprio PSD, que usa um sistema KP-ABE para gerir as chaves secretas e os direitos de acesso dos utilizadores no seu PSD. Uma vez que os utilizadores são conhecidos pessoalmente pelo proprietário do PHR, para realizar um acesso centrado no doente, o proprietário está na melhor posição para conceder privilégios de acesso ao utilizador numa base caso a caso. Para a PSD, são definidos *atributos de dados* que se referem às propriedades intrínsecas dos dados do PHR, como a categoria de um ficheiro PHR. Para efeitos de acesso à PSD, cada ficheiro PHR é rotulado com os seus atributos de dados, enquanto o tamanho da chave é apenas linear com o número de categorias de ficheiros a que um utilizador pode aceder. Uma vez que o número de utilizadores numa PSD é frequentemente pequeno, isso reduz a carga para o proprietário. Ao encriptar os dados para PSD, tudo o que o proprietário precisa de saber são as propriedades intrínsecas dos dados.

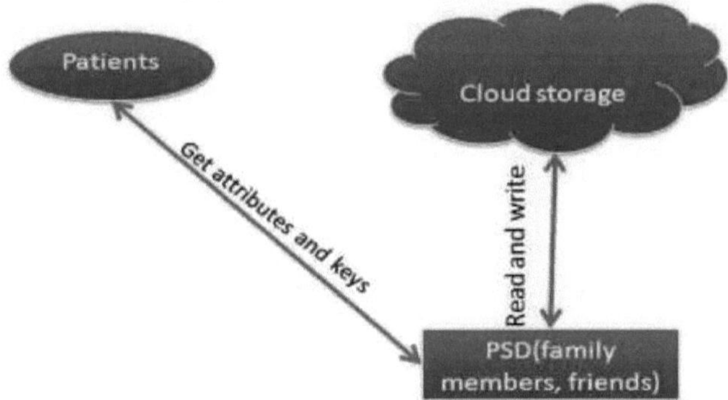


**Figura4.4.3 Fase do domínio pessoal**

## C. FASE DE DOMÍNIO PÚBLICO

Os PUD são constituídos por utilizadores que fazem o acesso com base nas suas funções profissionais, como médicos, enfermeiros e investigadores médicos. Na prática, um PUD pode ser associado a um sector independente da sociedade, como o sector dos cuidados de saúde, da administração pública ou dos seguros.

Utilizamos a ABE para realizar um acesso criptográfico ao PHR centrado no paciente. Em especial, numa PUD é utilizada a ABE multi-autoridade, na qual existem várias "autoridades de atributos" (AAs), cada uma das quais rege um subconjunto disjunto de atributos. *Os atributos de função* são definidos para as PUD, representando a função ou as obrigações profissionais de um utilizador da PUD. Os utilizadores em PUDs obtêm as suas chaves secretas baseadas em atributos das AAs, sem interagir diretamente com os proprietários. Para controlar o acesso dos utilizadores das PUDs, os proprietários são livres de especificar políticas de acesso de grau fino baseadas em funções para os seus ficheiros PHR, embora não precisem de conhecer a lista de utilizadores autorizados quando fazem a encriptação. Uma vez que os PUDs contêm a maioria dos utilizadores, reduz-se consideravelmente a sobrecarga de gestão de chaves tanto para os proprietários como para os utilizadores.

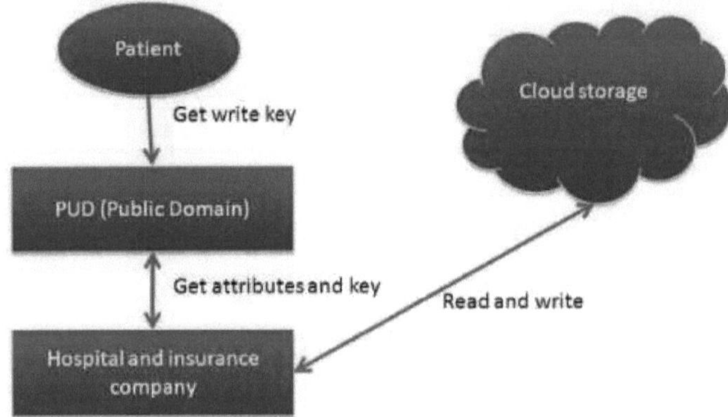


**Figura 4.4.4. Fase de domínio público**

**D.FASE DO DOMÍNIO DE EMERGÊNCIA**

Quando ocorre uma emergência, as políticas de acesso normais podem já não ser aplicáveis. Para lidar com esta situação, é necessário um acesso "break-glass" para aceder ao PHR da vítima. Na nossa estrutura, o direito de acesso ao PHR de cada proprietário é também delegado a um serviço de urgência (ED. Para evitar o abuso da opção "break-glass", o pessoal do serviço de urgência tem de contactar o serviço de urgência para verificar a sua identidade e a situação de emergência, e obter chaves de leitura temporárias. Depois de terminada a emergência, o doente pode revogar o acesso de emergência através do serviço de urgência.

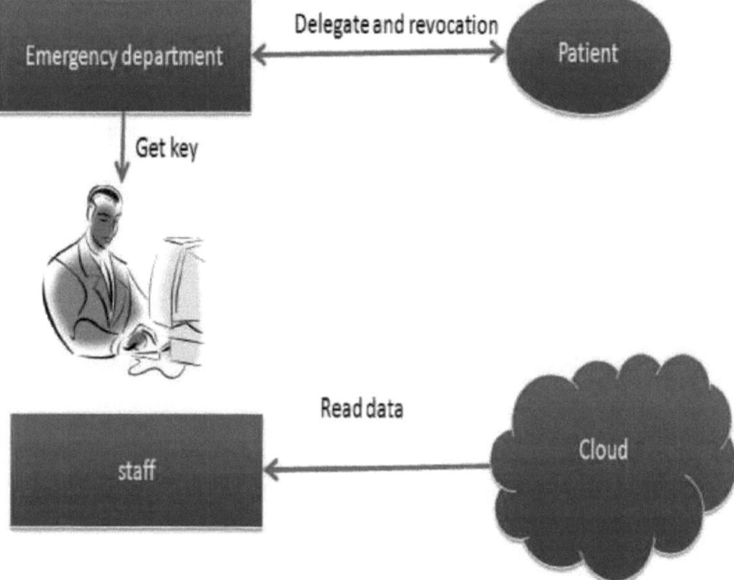


**Figura 4.4.5. Fase de emergência**

# CAPÍTULO 5

## TESTE

## 5.1 INTRODUÇÃO

O teste de software é uma investigação efectuada para fornecer às partes interessadas informações sobre a qualidade do produto ou serviço testado. Os testes de software também podem fornecer uma visão objetiva e independente do software para permitir que a empresa aprecie e compreenda os riscos da implementação do software.

## 5.2 OBJECTIVO DO TESTE:

Os principais conjuntos de objectivos dos testes são

**1.** O teste é um processo de execução de um programa com a intenção de encontrar um erro.

**2.** Um bom caso de teste é aquele que tem uma alta probabilidade de encontrar um problema ainda não resolvido.

erro não descoberto.

**3.** Um teste bem sucedido é aquele que revela um erro ainda não descoberto.

**Taxonomia dos ensaios**

-Testes de caixa preta

-Testes de caixa branca

## 5.3 TIPOS DE TESTES

### 5.3.1 TESTES DE CAIXA BRANCA

O teste de caixa branca é um teste em que o testador de software tem conhecimento do funcionamento interno, da estrutura e da linguagem do software, ou pelo menos do seu objetivo. É utilizado para testar áreas que não podem ser alcançadas a partir de um nível de caixa preta. Existem ferramentas automatizadas disponíveis para efetuar a análise de cobertura de código. Abaixo estão algumas técnicas de análise de cobertura As técnicas utilizadas nos testes de caixa branca incluem,

1. Teste de API.
2. Cobertura do código.
3. Injeção de falhas.
4. Testes de mutação e testes estáticos.

**Cobertura de declarações**: Esta técnica requer que todas as declarações possíveis no código sejam testadas pelo menos uma vez durante o processo de teste

**Cobertura de ramos:** Esta técnica verifica todos os caminhos possíveis (if-else e outros loops condicionais) de uma aplicação de software.

### 5.3.2 TESTES DE CAIXA NEGRA

O teste de caixa negra é um teste em que o software não tem qualquer conhecimento do funcionamento interno, da estrutura ou da linguagem do módulo que está a ser testado. Trata-se de um teste em que o software a testar é tratado como uma caixa negra, em que não é possível "ver" o seu interior. Ao aplicar técnicas de caixa preta, obtemos um conjunto de casos de teste que satisfazem os seguintes critérios: (1) casos de teste que reduzem, por uma contagem maior do que um, o número de casos de teste adicionais que devem ser concebidos para alcançar um teste razoável e (2) casos de teste que nos dizem algo sobre a presença ou ausência de classes de erros, em vez de um erro associado apenas ao teste específico em questão.

Os métodos de teste de caixa preta incluem:

1. Particionamento por equivalência.
2. Análise do valor de fronteira.
3. Teste de todos os pares.
4. Tabelas de transição de estados.
5. Teste da tabela de decisão.
6. Testes de fuzz.
7. Testes baseados em modelos.
8. Teste de casos de utilização.
9. Testes exploratórios e testes baseados em especificações.

**Métodos de teste baseados em gráficos:** O primeiro passo no teste de caixa preta é entender os objetos que são modelados no software e os relacionamentos que conectam esses objetos. Uma vez que isso tenha sido feito, o próximo passo é definir uma série de testes que verificam se "todos os objetos têm o relacionamento esperado entre si".

**Particionamento de equivalência:** É um método de teste de caixa preta que divide o domínio de entrada de um programa em classes de dados das quais os casos de teste podem ser derivados. Um caso de teste ideal descobre sozinho uma classe de erros (por exemplo, o processamento incorreto de todos os dados de caracteres) que, de outra forma, poderia exigir a execução de muitos casos antes de o erro geral ser observado. O particionamento da equivalência esforça-se por definir um caso de teste que descubra classes de erros, reduzindo assim o número total de casos de teste que devem ser desenvolvidos.

**Análise de valor de contorno:** Por razões que não são completamente claras, um maior número de erros tende a ocorrer nos limites do domínio de entrada em vez de no "centro". É por esta razão que a análise do valor limite (BVA) foi desenvolvida como uma técnica de teste. A análise do valor-limite conduz a uma seleção de casos de teste que exercem valores-limite. A análise do valor limite é uma técnica de conceção de casos de teste que complementa o particionamento de equivalência. Em vez de selecionar qualquer elemento de uma classe de equivalência, a BVA conduz à seleção de casos de teste nos "limites" da classe. Em vez de se concentrar apenas nas condições de entrada, a BVA deriva casos de teste do domínio de saída também.

**Teste de comparação:** Quando foram produzidas várias implementações da mesma especificação, os casos de teste concebidos utilizando outras técnicas de caixa negra (por exemplo, particionamento de equivalência) são fornecidos como entrada para cada versão do software. Se o resultado de cada versão for o mesmo, presume-se que todas as implementações estão corretas. Se o resultado for diferente, cada uma das aplicações é investigada para determinar se um defeito numa ou mais versões é responsável pela diferença. Na maioria dos casos, a comparação dos resultados pode ser efectuada por uma ferramenta automatizada. Os testes de comparação não são infalíveis

### 5.3.3 ENSAIO DE UNIDADE

O principal objetivo dos testes unitários é garantir que cada unidade de software individual está a funcionar de acordo com a sua especificação. O teste de unidade concentra o esforço de verificação na unidade mais pequena do projeto de software - o componente ou módulo de software. Utilizando a descrição do desenho ao nível do componente como guia, os caminhos de controlo importantes são testados para descobrir erros dentro dos limites do módulo. A complexidade relativa dos testes e dos erros detectados é limitada pelo âmbito restrito estabelecido para os testes unitários. O teste de unidade é orientado para a caixa branca, e a etapa pode ser realizada em paralelo para vários componentes. A interface do módulo é testada para garantir que a informação flui corretamente para dentro e para fora da unidade de programa em teste. Todos os caminhos independentes (caminhos de base) através da estrutura de controlo são exercitados para garantir que todas as instruções de um módulo foram executadas pelo menos uma vez.

**IMPLEMENTAÇÃO DE TESTES UNITÁRIOS**

**MÓDULO 1: REGISTO PESSOAL DE SAÚDE FASE.**

Nesta unidade, a autorização dos doentes pelo servidor da nuvem utilizando os dados de início de sessão é testada antes de os doentes carregarem um ficheiro na nuvem. A unidade também é testada e suporta o carregamento/modificação de todos os tipos de dados

**MÓDULO 2: DOMÍNIO PESSOAL FASE.**

Nesta unidade, a autorização de amigos e familiares é efectuada utilizando o PHR_ID e a chave secreta. E para verificar se ele/ela tem o direito de ver os dados dos doentes.

**MÓDULO 3: FASE DE DOMÍNIO PÚBLICO.**

Nesta unidade, a autorização dos médicos e investigadores é efectuada através do PHR_ID e da chave secreta. E também para verificar se ele/ela tem o direito de modificar os dados dos doentes.

**MÓDULO 4: FASE DE EMERGÊNCIA.**

Nesta Unidade, a autorização dos pormenores dos doentes em situação de emergência.

### 5.3.4 ENSAIOS DE INTEGRAÇÃO

O teste de integração é uma técnica sistemática para construir a estrutura do programa e, ao mesmo tempo, efetuar testes para descobrir erros associados à interface. O objetivo é pegar em componentes testados por unidades e construir uma estrutura de programa que tenha sido ditada pela conceção. Existe frequentemente uma tendência para tentar uma integração não incremental, ou seja, para construir o programa utilizando uma abordagem "big bang". Todos os componentes são combinados antecipadamente. O programa inteiro é testado como um todo. Normalmente, é encontrado um conjunto de erros. A correção é difícil porque o isolamento das causas é complicado devido à vasta extensão de todo o programa. Uma vez corrigidos estes erros, surgem novos e o processo continua num ciclo aparentemente interminável. A integração incremental é a antítese da abordagem "big bang". O programa é construído e testado em pequenos incrementos, onde os erros são mais fáceis de isolar e corrigir; é mais provável que as interfaces sejam testadas completamente; e pode ser aplicada uma abordagem de teste sistemática.

**TESTES DE INTEGRAÇÃO IMPLEMENTAÇÃO**

Neste projeto, foi utilizada a abordagem descendente dos testes de integração. A unidade é integrada com a segunda e a terceira unidades e o processo de carregamento e descarregamento do ficheiro é verificado. Em seguida, a unidade é integrada com a quarta unidade e o processo de replicação é verificado. A seguir, a unidade é integrada com a quinta e a sexta unidades e o processo de verificação da correção do armazenamento é testado. Finalmente, a unidade é integrada com a última unidade e o processo de recuperação é verificado. Verificámos o funcionamento completo do sistema e verificámos as suas funcionalidades. As unidades foram integradas e o funcionamento do sistema foi verificado.

### 5.3.5 ENSAIO DA INTERFACE DO UTILIZADOR

Uma interface interactiva é um sistema que é dominado pelas interações entre o sistema e agentes externos, como dispositivos ou outros programas. Os agentes externos são independentes do sistema, pelo que as suas entradas não podem ser controladas, embora o sistema possa solicitar-lhes respostas. Uma interface interactiva é normalmente apenas uma parte de uma aplicação inteira, que pode muitas vezes ser tratada independentemente da parte computacional da aplicação.

**TESTE DA INTERFACE DO UTILIZADOR IMPLEMENTAÇÃO**

A interface do utilizador foi implementada utilizando Java e no nosso projeto existe uma janela de registo, uma janela de início de sessão, uma janela de carregamento do cliente e uma janela de base de dados. Também temos uma janela de ajuda que explica resumidamente as tarefas na página correspondente. Disponibilizámos opções para os utilizadores, como alterar a palavra-passe e esquecer a palavra-passe.

Tornámos o conteúdo das páginas facilmente compreensível para o utilizador e verificámos a eficácia do funcionamento da interface. Verificámos o funcionamento completo do sistema e verificámos todas as suas funcionalidades.

### 5.3.6 ENSAIOS DE VALIDAÇÃO

A validação do software é conseguida através de uma série de testes de caixa negra que demonstram a conformidade com os requisitos. Um plano de teste descreve as classes de testes a realizar e um procedimento de teste define casos de teste específicos que serão utilizados para demonstrar a conformidade com os requisitos. Tanto o plano como o procedimento são concebidos para garantir que todos os requisitos funcionais são satisfeitos, que todas as caraterísticas comportamentais são alcançadas, que todos os requisitos de desempenho são atingidos, que a documentação está correta e que os requisitos de engenharia humana e outros requisitos são cumpridos (por exemplo, transportabilidade, compatibilidade, recuperação de erros, manutenção).

### 5.3.7 TESTES FUNCIONAIS

Os testes funcionais fornecem demonstrações sistemáticas de que as funções testadas estão disponíveis conforme especificado nos requisitos comerciais e técnicos, na documentação do sistema e nos manuais do utilizador. A organização e a preparação dos testes funcionais centram-se nos requisitos, nas funções principais ou em casos de teste especiais. Além disso, a cobertura sistemática relativa à identificação de fluxos de processos empresariais, campos de dados, processos predefinidos e processos sucessivos deve ser considerada para os testes. Antes da conclusão dos testes funcionais, são identificados testes adicionais e é determinado o valor efetivo dos testes actuais.

Os testes funcionais centram-se nos seguintes itens:

Entrada válida: devem ser aceites classes identificadas de entradas válidas.

Entrada inválida: as classes identificadas de entrada inválida devem ser rejeitadas.

Funções: as funções identificadas devem ser exercidas.

Output: devem ser exercidas classes identificadas de outputs da aplicação.

Sistemas: os sistemas ou procedimentos de interface devem ser invocados.

### 5.3.8 TESTE DO SISTEMA

Os testes de sistema garantem que todo o sistema de software integrado cumpre os requisitos. Testa uma configuração para garantir resultados conhecidos e previsíveis. Um exemplo de teste de sistema é o teste de integração de sistema orientado para a configuração. O teste do sistema baseia-se em descrições e fluxos de processos, dando ênfase a ligações e pontos de integração de processos pré-determinados.

### 5.3.9 ENSAIOS DE ACEITAÇÃO

O teste de aceitação é um teste realizado para determinar se os requisitos de uma especificação ou contrato são cumpridos. Pode envolver testes químicos, testes físicos ou testes de desempenho. Na engenharia de sistemas, pode envolver testes de caixa negra efectuados num sistema. Os programadores de software distinguem frequentemente os testes de aceitação pelo fornecedor do sistema dos testes de aceitação pelo cliente (o utilizador ou cliente) antes de aceitarem a transferência de propriedade. No caso do software, os testes de aceitação realizados pelo cliente são conhecidos como testes de aceitação do utilizador (UAT), testes do utilizador final, testes no local (aceitação) ou testes no terreno (aceitação). Um teste de fumos é utilizado como teste de aceitação antes da introdução de uma compilação no processo de teste principal. . Ao realizar testes de aceitação de uma aplicação, a equipa de testes deduzirá o desempenho da aplicação em produção. Existem também requisitos legais e contratuais para a aceitação do sistema.

### 5.3.10 TESTES DE REGRESSÃO

Sempre que é efectuada uma alteração numa aplicação de software, é muito possível que outras áreas da aplicação tenham sido afectadas por essa alteração. Para verificar se um bug corrigido não resultou noutra funcionalidade ou violação de regras de negócio é necessário efetuar testes de regressão. O objetivo dos testes de regressão é garantir que uma alteração, como a correção de um erro, não resultou na descoberta de outra falha na aplicação. O objetivo dos testes de regressão é garantir que uma alteração como as mencionadas acima não introduziu novas falhas. Uma das principais razões para os testes de regressão é determinar se uma alteração numa parte do software afecta outras partes do software. Os métodos comuns de teste de regressão incluem a repetição de testes previamente concluídos e a verificação da alteração do comportamento do programa e do reaparecimento de falhas previamente corrigidas.

### 5.3.11 TESTE ALPHA

Este teste é a primeira fase do teste e será realizado entre as equipas (equipas de desenvolvimento e de garantia de qualidade). Os testes unitários, os testes de integração e os testes de sistema, quando combinados, são conhecidos como testes alfa. Durante esta fase, será testado o seguinte na aplicação: Erros ortográficos, ligações quebradas e direcções turvas. A aplicação será testada em máquinas com a especificação mais baixa para testar os tempos de carregamento e quaisquer problemas de latência.

### 5.3.12 TESTE BETA

Este teste é efectuado depois de o teste alfa ter sido realizado com êxito. Nos testes beta, uma amostra do público-alvo testa a aplicação. O teste beta é também conhecido como teste de pré-lançamento. As versões de teste beta do software são idealmente distribuídas a um vasto público na Web, em parte para dar ao programa um teste do "mundo real" e em parte para fornecer uma antevisão da próxima versão. Nesta fase, o público estará a testar o seguinte: Os utilizadores instalam, executam a aplicação e enviam o seu feedback à equipa de projeto ; Erros tipográficos, fluxo de aplicação confuso e até mesmo falhas ; Obtendo o feedback, a equipa de projeto pode corrigir os problemas antes de lançar o software aos utilizadores reais ; Quanto mais problemas forem corrigidos e resolverem problemas reais dos utilizadores, maior será a qualidade da sua aplicação ; Ter uma aplicação de maior qualidade quando for lançada ao público em geral aumentará a satisfação do cliente.

### 5.3.13 TESTES DE USABILIDADE

Trata-se de uma técnica de caixa negra e é utilizada para identificar eventuais erros e melhorias no software, observando os utilizadores através da sua utilização e funcionamento. Segundo Nielsen, a usabilidade pode ser definida em termos de cinco factores: eficiência de utilização, capacidade de aprendizagem, capacidade de memorização, erros/segurança e satisfação. Segundo ele, a usabilidade do produto será boa e o sistema será utilizável se possuir os factores acima referidos. Nigel Bevan e Macleod consideraram que a usabilidade é o requisito de qualidade que pode ser medido como o resultado das interações com um sistema informático. Este requisito pode ser cumprido e o utilizador final ficará satisfeito se os objectivos pretendidos forem alcançados eficazmente com a utilização de recursos adequados. Segundo ele, a usabilidade do produto será boa e o sistema será utilizável se possuir os factores acima referidos.

### 5.3.14 TESTES DE INTERNACIONALIZAÇÃO

O teste de internacionalização é o processo que garante que a funcionalidade do produto não é quebrada e que todas as mensagens são corretamente externalizadas quando utilizadas em diferentes idiomas e localidades. O teste de internacionalização também é chamado de teste I18N, porque há 18 caracteres entre I e N na internacionalização. Os testes I18N podem ser divididos em duas partes. Em primeiro lugar, certificar-se de que a GUI ou a funcionalidade da aplicação não será quebrada com o texto traduzido. Em segundo lugar, certificar-se de que a tradução de todas as cadeias de caracteres foi efectuada corretamente. Esta atividade chama-se Teste de Verificação da Tradução e é normalmente conduzida por uma pessoa que conhece muito bem a língua.

### 5.3.15 TESTE ADHOC

**O teste ad hoc** é um termo comummente utilizado para os testes de software realizados sem planeamento e documentação (mas pode ser aplicado a estudos experimentais científicos iniciais). O teste ad hoc é o método de teste menos formal. Os testes destinam-se a ser executados apenas uma vez, exceto se for descoberto um defeito. O teste ad hoc é o método de teste menos formal. Os utilizadores instalam, executam a aplicação e enviam o seu feedback à equipa de projeto ; Erros tipográficos, fluxo de aplicação confuso e até mesmo falhas ; Obtendo o feedback, a equipa de projeto pode corrigir os problemas antes de lançar o software aos utilizadores reais ; Quanto mais problemas forem corrigidos e resolverem problemas reais dos utilizadores, maior será a qualidade da sua aplicação ; Ter uma aplicação de maior qualidade quando for lançada ao público em geral aumentará a satisfação do cliente. Os utilizadores instalam, executam a aplicação e enviam os seus comentários à equipa do projeto.

**CASOS DE TESTE:**

| **Etiqueta** | **Utilizador Entrada** | **Resultados esperados** | **Atual Saída** |
|---|---|---|---|
| Nome de utilizador | Utilizador1 | Nome de utilizador válido | Como esperado |
| | seetha@12* | Nome de utilizador válido | Como Esperado |
| | projecto4*10120vrij jjiblllii234567 | O nome de utilizador não deve exceder 30 caracteres. | Como Esperado |
| | Já existente Nome de utilizador | O nome de utilizador já existe | Entrada duplicada para Exceção ao nome de utilizador |
| Palavra-passe | 12345 12345 | Palavra-passe válida | Como esperado |
| | admin123 admin12345 | As palavras-passe não coincidem | Como esperado |
| | 2341 | Número de telefone não válido | Como esperado |
| | 24157191 | Número de telefone válido | Como esperado |
| | 89391727 | Número de telefone não válido | Como esperado |
| | 1671 | | |

| | | | |
|---|---|---|---|
| Criar Conta | Se todos os pormenores forem Válido | Registado com sucesso O PHR-ID foi enviado para o seu Mail-ID | Como esperado |
| | Caso contrário | Exibido Entrar todos os campos | Como esperado |
| Registar | se todas as entradas forem válidas | Mostrar registado com sucesso | Como esperado |
| | Caso contrário | Exibido entrar Todos os campos | Como esperado |
| Iniciar sessão | Nome de utilizador & A palavra-passe é válida | Abre a página inicial do paciente | Como esperado |
| | Nome de utilizador & A palavra-passe é inválida | Apresenta Falha no início de sessão | Como esperado |

**Quadro 5.1 Casos de teste de registo e início de sessão do proprietário dos dados**

| | **Utilizador Entrada** | **Esperado Saída** | **Atual Saída** |
|---|---|---|---|
| Nome de utilizador | Utilizador1 | Nome de utilizador válido | Como |
| | | | esperado |
| | seetha@12* | Nome de utilizador válido | Como esperado |

| | | | |
|---|---|---|---|
| | projecto4*10120vrij<br>jjiblllii234567 | O nome de utilizador não deve exceder 30 caracteres. | Como esperado |
| | Já existente<br>Nome de utilizador | O nome de utilizador já existe | Entrada duplicada para<br>Exceção ao nome de utilizador |
| Palavra-passe | 12345<br>12345 | Palavra-passe válida | Como esperado |
| | admin123<br>admin12345 | As palavras-passe não coincidem | Como esperado |
| Telefone<br>Número | 98514627<br>12 | Número de telefone válido | Como esperado |
| | 2341 | Número de telefone não válido | Como esperado |
| | 24157191 | Número de telefone válido | Como esperado |
| | 893917271671 | Número de telefone não válido | Como esperado |
| Pedido de chave | Se os dados e o PHR-ID forem válidos | Apresenta o formulário de registo | Como esperado |
| | Se inválido | Introduzir o código válido<br>Detalhes | Como esperado |
| Enviar<br>Pedido | Se os dados e o PHR-ID forem válidos | Registado com sucesso<br>Receberá o código secreto, quando o proprietário do PHR aceitar o seu pedido | Como esperado |

| | | | |
|---|---|---|---|
| | Se inválido | Introduzir o código válido Detalhes | Como esperado |
| PDLogin | U sername,PHR_ID e Código secreto são válidos | Apresenta o Dados do doente | Como esperado |
| | Se for InValid | Apresenta Falha no início de sessão | Como esperado |

**Tabela 5.2Casos de teste de registo e início de sessão de utilizadores pessoais**

## RESULTADOS EXPERIMENTAIS

| **Cheme** | **Segurança** | **Domínio do utilizador** | **Política de acesso** | **Revogação Meios** |
|---|---|---|---|---|
| VFJPS | Não contra a colusão entre utilizadores e servidores | TODOS | Nível ACL | ACL Nível imediato |
| BCHL | SEM conluio Risco | TODOS | Nível ACL | N/A |
| HN | Não contra o servidor de utilizadores , TA única | PUD | Quaisquer fórmulas monotónicas | Nível de atributo, imediato |
| NGS | TA única | PUD | Atributo e ID baseado política | ACL Nível Imediato |
| RNS | Contra A1 conluio | PUD | Qualquer fórmula booleana monotónica | Atributo nível imediato |
| O nosso regime | Contra N2 conluio | Todos(PUD&PSD) | Forma conjuntiva com curinga | Nível de atributo, imediato |

**Tabela 5.3 Resultados experimentais**

**Discussões:**

1. O esquema VFJPS baseado na lista de controlo de acesso (ACL);
2. o esquema BCHL baseado no HIB em que cada proprietário actua como um centro de distribuição de chaves;
3. o esquema CP-ABE revogável HN, onde o adaptamos assumindo a utilização de um PUD com uma única autoridade e múltiplos PSDs para se adequar ao nosso cenário;
4. o esquema NGS, que é um sistema EHR de preservação da privacidade que adopta a cifragem de difusão baseada em atributos para conseguir o controlo do acesso aos dados;

**ANÁLISE EXPERIMENTAL**

| TÍTULO | MÚLTIPLOS AUTORIDADES | COMPLEXIDADE |
|---|---|---|
| Baseado em atributos Revogação em dados Sistema de subcontratação | NÃO | ALTO |
| Partilha de dados baseada em atributos com revogação de atributos | NÃO | ALTO |
| Garantir a segurança dos registos de saúde pessoais na computação em nuvem: Doente Controlo do acesso aos dados centrado e de granularidade fina em definições multiproprietárias | NÃO | ALTO |
| Melhorar a privacidade e a segurança Para o registo de saúde do doente. | SIM | BAIXO |

# CAPÍTULO 6

## IMAGENS DO ECRÃ

### PÁGINA INICIAL DA DEMO-PHR

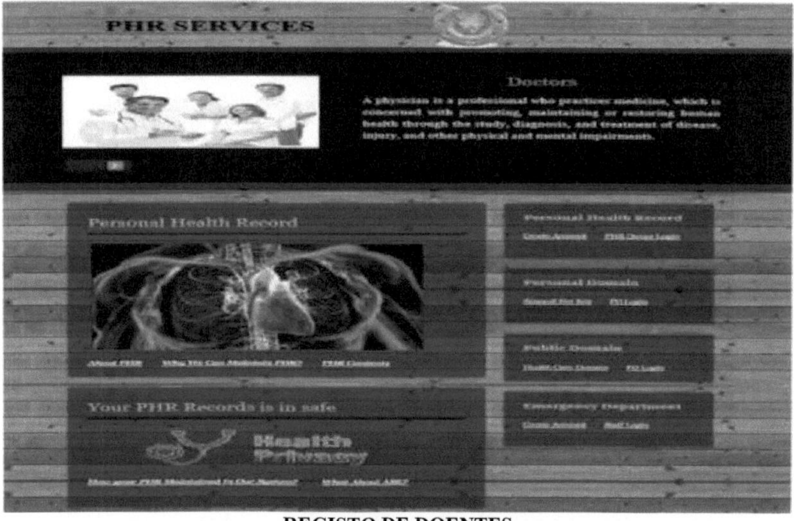


### REGISTO DE DOENTES

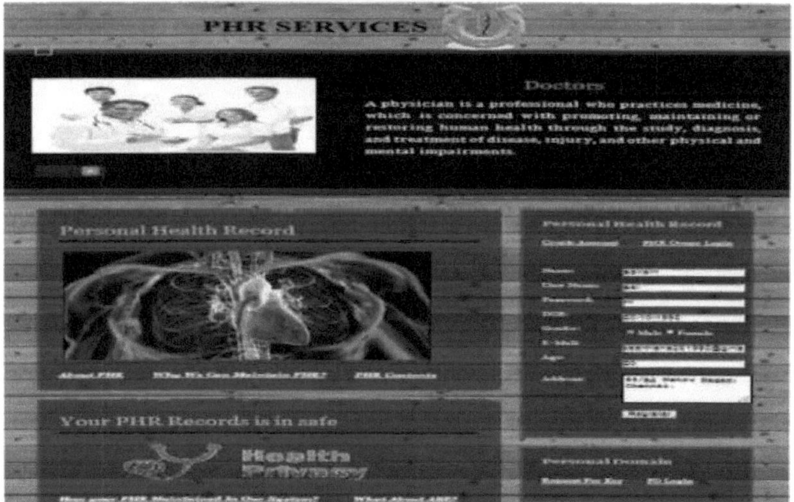

## PHR-ID ENVIADO

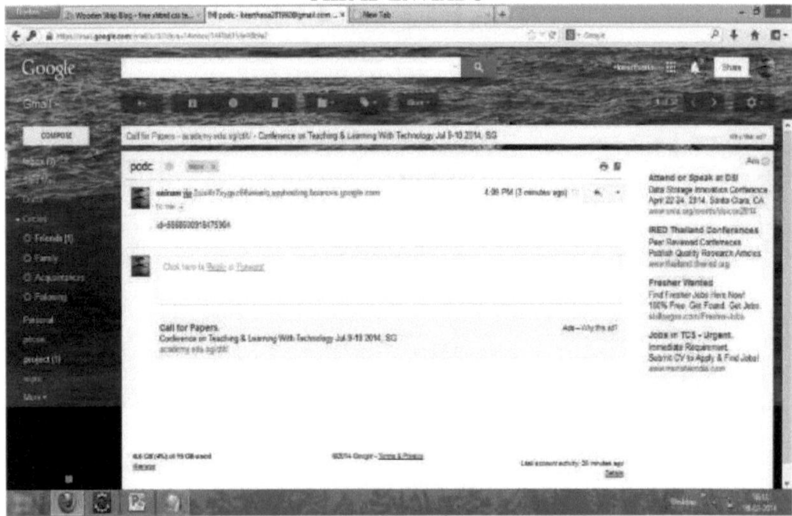


## LOGIN DO PROPRIETÁRIO DO PHR

## PÁGINA DO PROPRIETÁRIO DO PHR

## CARREGAMENTO DE PHR

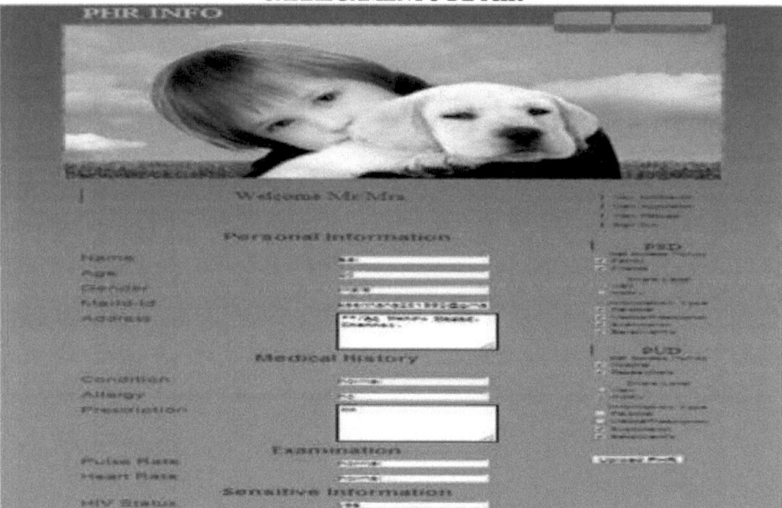

## REGISTO DE UTILIZADOR DE DOMÍNIO PESSOAL

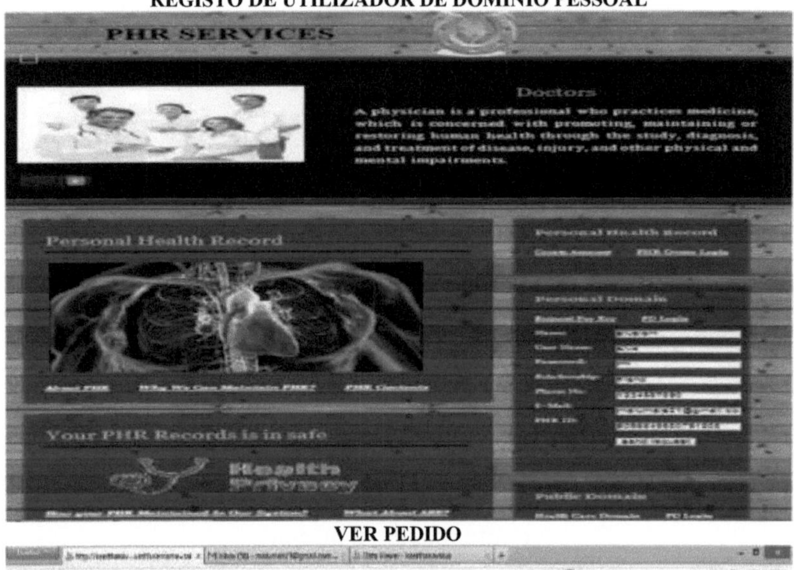


## VER PEDIDO

| UserName | Allow | Deny |
|---|---|---|
| siva | Click Here | Click Here |

## GERAÇÃO DE CÓDIGO SECRETO

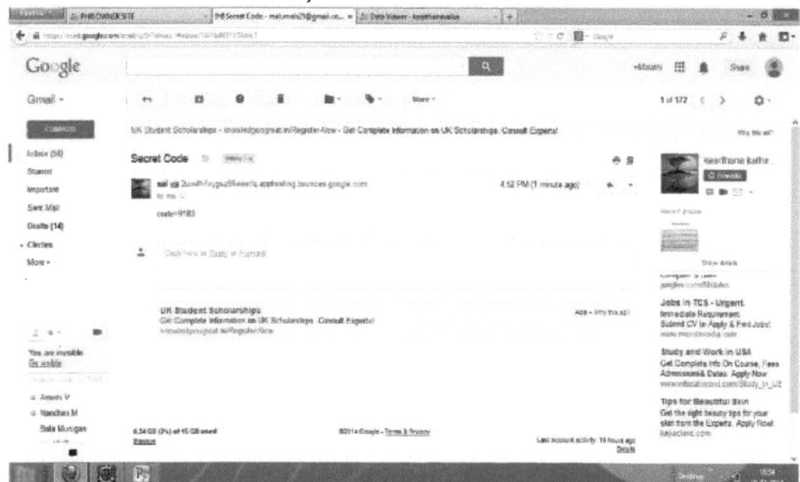


## LOGIN DO UTILIZADOR PESSOAL DOMÉSTICO

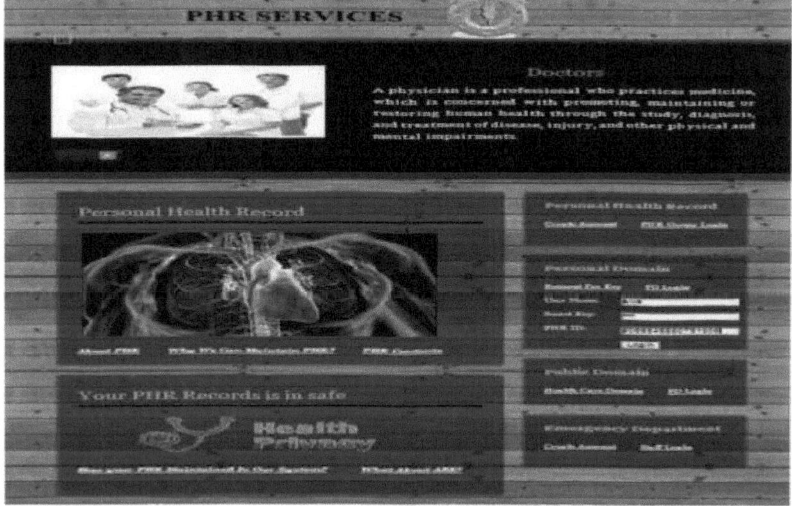

## INTRODUÇÃO DO CÓDIGO SECRETO:

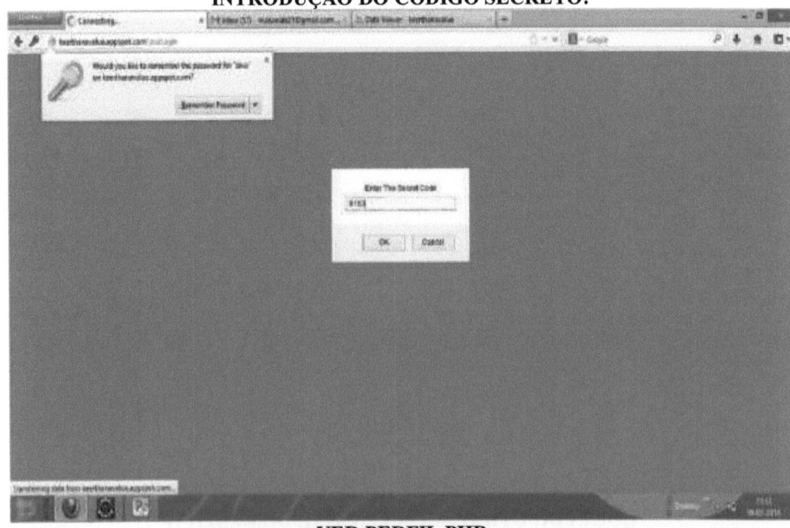

## VER PERFIL PHR

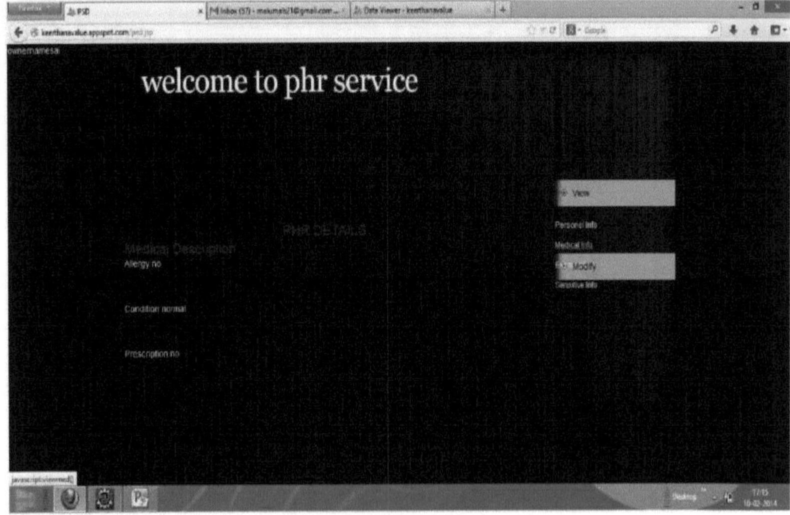

# CONCLUSÃO E FUTURO MELHORAMENTO

## CONCLUSÃO

Neste documento, propusemos um novo quadro para a partilha segura de registos de saúde pessoais na computação em nuvem. Considerando os servidores em nuvem parcialmente fiáveis, defendemos que, para concretizar plenamente o conceito centrado no paciente, este deve ter o controlo total da sua própria privacidade através da encriptação dos seus ficheiros PHR para permitir um acesso com uma granularidade fina. A estrutura aborda os desafios únicos trazidos por múltiplos proprietários e utilizadores de PHR, na medida em que reduzimos consideravelmente a complexidade da gestão de chaves, ao mesmo tempo que melhoramos as garantias de privacidade em comparação com trabalhos anteriores. Utilizamos o ABE para encriptar os dados do PHR, de modo a que os pacientes possam permitir o acesso não só de utilizadores pessoais, mas também de vários utilizadores de domínios públicos com diferentes funções, qualificações e afiliações profissionais. Além disso, melhoramos um esquema MA-ABE existente para lidar com a revogação eficiente e a pedido do utilizador, e provamos a sua segurança. Através da implementação e simulação, mostramos que a nossa solução é escalável e eficiente.

## LIMITAÇÕES E TRABALHOS FUTUROS

Neste projeto, propuseram um novo quadro para a partilha segura de registos de saúde pessoais na computação em nuvem. Considerando servidores em nuvem parcialmente fiáveis, defendemos que, para concretizar plenamente o conceito centrado no paciente, os pacientes devem ter o controlo total da sua própria privacidade através da encriptação dos seus ficheiros PHR para permitir um acesso com uma granularidade fina. Além disso, os utilizadores devem poder utilizar o armazenamento em nuvem como se fosse local, sem se preocuparem com a necessidade de verificar a sua integridade. Assim, permitir a capacidade de auditoria pública para o armazenamento em nuvem é de importância crítica para que os utilizadores possam recorrer a um auditor externo (TPA) para verificar a integridade dos dados externalizados e não se preocuparem. Para introduzir de forma segura um TPA eficaz, o processo de auditoria não deve trazer novas vulnerabilidades para a privacidade dos dados do utilizador e não deve introduzir encargos adicionais online para o utilizador. Neste documento, propomos um sistema seguro de armazenamento em nuvem que suporta a auditoria pública com preservação da privacidade. Ao longo do processamento de tais aplicações, será gerado um grande volume de conjuntos de dados intermédios, que são frequentemente armazenados para poupar o custo de os voltar a computar.

No entanto, a preservação da privacidade dos conjuntos de dados intermédios torna-se um problema difícil porque os adversários podem recuperar informações sensíveis à privacidade analisando vários conjuntos de dados intermédios. A encriptação de TODOS os conjuntos de dados na nuvem é amplamente adoptada nas abordagens existentes para resolver este desafio. Mas argumentamos que a encriptação de todos os conjuntos de dados intermédios não é eficiente nem rentável, porque consome muito tempo e é dispendioso para as aplicações de dados intensivos encriptar/desencriptar conjuntos de dados frequentemente enquanto realizam qualquer operação sobre eles. Neste documento, propomos uma nova abordagem baseada em restrições de fuga de privacidade de limite superior para identificar quais os conjuntos de dados intermédios que precisam de ser encriptados e quais os que não precisam, de modo a que os custos de preservação da privacidade possam ser poupados enquanto os requisitos de privacidade dos detentores de dados podem continuar a ser satisfeitos.

# APÊNDICE

**CÓDIGO-FONTE DE AMOSTRA**

**Allow.java:**

```
package com.phr;
import javax.mail.Message;
import javax.mail.Session;
import javax.mail.Transport;
import javax.mail.internet.InternetAddress;
import javax.mail.internet.MimeMessage;
import javax.servlet.*;
import javax.servlet.http.*;
import com.google.appengine.api.datastore.DatastoreService;
import com.google.appengine.api.datastore.DatastoreServiceFactory;
import com.google.appengine.api.datastore.Entity;
import com.google.appengine.api.datastore.Key;
import com.google.appengine.api.datastore.PreparedQuery;
import com.google.appengine.api.datastore.Query;
import java.io.IOException;
import java.io.PrintWriter;
import java.util.Properties;
import java.util.Random;
public class Allow extends HttpServlet
{
	printWriter pw;
	HttpSession session;
```

```
        String uname,ownername;
        String name,username;
        public void doGet(HttpServletRequest req,HttpServletResponse res)
        {
        session=req.getSession();
                try {
                        pw=res.getWriter();
                } catch (IOException e1) {
                        e1.printStackTrace();
                }
                name=(String)session.getAttribute("name");
                username=(String)session.getAttribute("username");
                pw.print("<html></body>");

                ownername=req.getParameter("ownername");
                uname=req.getParameter("username");
                DatastoreService ds=DatastoreServiceFactory.getDatastoreService();
Query q=new
Query(ownername).addFilter("username",Query.FilterOperator.EQUAL,uname);
                PreparedQuery pq=ds.prepare(q);
                Iterable<Entity> it=pq.asIterable();
                for(Entity e:it)
                {
                Key k=e.getKey();
                ds.delete(k);
                }
        Entity e1=new Entity(ownername);
                e1.setProperty("username",uname);
                e1.setProperty("status","Allow");
                e1.setProperty("code",a);
        ds.put(e1);
                Query q1=new
Query("users").addFilter("UserName",Query.FilterOperator.EQUAL,uname);
                PreparedQuery pq1=ds.prepare(q1);
                Iterable<Entity> it1=pq1.asIterable();
                for(Entity eee:it1)
                {
                String mail=(String)eee.getProperty("mail");
```

```
            Properties p=new Properties();
            Session session=Session.getDefaultInstance(p, null);
            Try
                  {
        Message message=new MimeMessage(session);
                        message.setFrom(new
InternetAddress("androidcloudapps@gmail.com",ownername));
                        message.addRecipient(Message.RecipientType.TO,       new
InternetAddress(mail));

                        message.setSubject("Secret Code");
                        message.setText("code="+a);
                  Transport.send(message);
                        }
                  catch(Exception m)
                  {
                        m.printStackTrace();
                  }
                  }
            pw.print("<script>");
            pw.print("window.alert('Finished...');");
            pw.print("window.alert('Secret Code Sent..');");
        pw.print("window.location='services.jsp?name="+name+"&&username="+use
rname+"';");
            pw.print("</script>");
            pw.print("</body></html>");
            }}
```

**Allowpud.java:**

```
package com.phr;
import java.util.Properties;
import java.util.Random;
import javax.mail.Message;
import javax.mail.Session;
import javax.mail.Transport;
import javax.mail.internet.InternetAddress;
import javax.mail.internet.MimeMessage;
import javax.servlet.*;
```

```
import javax.servlet.http.*;
import com.google.appengine.api.datastore.DatastoreService;
import com.google.appengine.api.datastore.DatastoreServiceFactory;
import com.google.appengine.api.datastore.Entity;
import com.google.appengine.api.datastore.Key;
import com.google.appengine.api.datastore.PreparedQuery;
import com.google.appengine.api.datastore.Query;
public class AllowPud extends HttpServlet
{
        String name,phrid;
        public void doGet(HttpServletRequest req,HttpServletResponse res)
        {
                name=req.getParameter("username");
DatastoreService ds=DatastoreServiceFactory.getDatastoreService();
Queryq=newQuery("PUDRequest").addFilter("username",Query.FilterOperator.EQU
AL,name);
                PreparedQuery pq=ds.prepare(q);
                Iterable<Entity> it=pq.asIterable();
                for(Entity e:it)
                {
        phrid=(String)e.getProperty("phrid");
                Key k=e.getKey();
                ds.delete(k);
                }
                Entity ee=new Entity("PUD Request");
                ee.setProperty("username",name);
                ee.setProperty("status","Allowed");
                ee.setProperty("phrid",phrid);
                ds.put(ee);
                Random r=new Random();
                int a=r.nextInt(500000);
Queryq1=newQuery("PUDUserCode").addFilter("username",Query.FilterOperator.E
QUAL,name);
                PreparedQuery pq1=ds.prepare(q1);
                Iterable<Entity> it1=pq1.asIterable();
                for(Entity e1:it1)
                {
                Key k=e1.getKey();
```

```
            ds.delete(k);
            }
            Entity ee1=new Entity("PUD User Code");
            ee1.setProperty("username",name);
            ee1.setProperty("code",new Integer(a).toString());
            ds.put(ee1);
            String mail="";
            Queryn=newQuery("PUDUsers").addFilter("user
name",Query.FilterOperator.EQUAL,name);
            PreparedQuery pqq=ds.prepare(n);
            Iterable<Entity> it11=pqq.asIterable();
            for(Entity cd:it11)
            {
                mail=(String)cd.getProperty("mail");
                Properties p=new Properties();
                Session session=Session.getDefaultInstance(p, null);
                try
                {
                    Message message=new MimeMessage(session);
                    message.setFrom(new
InternetAddress("androidcloudapps@gmail.com",name));
                    message.addRecipient(Message.RecipientType.TO,     new
InternetAddress(mail));
                message.setSubject("Secret Code");
                message.setText("code="+a);
Transport.send(message);
}      catch(Exception m)
                {
                    m.printStackTrace();
                }
                }
                }
```

**Code verify.java:**

```
package com.phr;
import java.io.IOException;
import java.io.PrintWriter;
import javax.servlet.*;
```

```
import javax.servlet.http.*;
import com.google.appengine.api.datastore.DatastoreService;
import com.google.appengine.api.datastore.DatastoreServiceFactory;
import com.google.appengine.api.datastore.Entity;
import com.google.appengine.api.datastore.PreparedQuery;
import com.google.appengine.api.datastore.Query;
public class CodeVerify extends HttpServlet
{
        String code,ownername,level,status,policy,type;
        PrintWriter pw;
        HttpSession session;
public void doGet(HttpServletRequest req,HttpServletResponse res)
{
        try {
                pw=res.getWriter();
                pw.print("<html><body>");
        } catch (IOException e) {
                // TODO Auto-generated catch block
                e.printStackTrace();
        }
        session=req.getSession();
        code=req.getParameter("code");
long codel=Long.parseLong(code);
        ownername=(String)session.getAttribute("ownername");
        pw.print("owner name"+ownername);
        DatastoreService ds=DatastoreServiceFactory.getDatastoreService();
        Query q=new
Query(ownername).addFilter("code",Query.FilterOperator.EQUAL,codel);
        PreparedQuery pq=ds.prepare(q);
        Iterable<Entity> it=pq.asIterable();
        for(Entity k:it)
        {
        pw.print("Enter");
        Query q2=new
Query("PSD").addFilter("username",Query.FilterOperator.EQUAL,ownername);
        PreparedQuery pq2=ds.prepare(q2);
        Iterable<Entity> it2=pq2.asIterable();
        for(Entity ee:it2)
```

```
		{
			pw.print("<script>");
			pw.print("window.alert('Code Verification Successfully');");
			pw.print("</script>");
			level=(String)ee.getProperty("level");
			policy=(String)ee.getProperty("policy");
			type=(String)ee.getProperty("type");
			session.setAttribute("level",level);
		session.setAttribute("policy",policy);
		session.setAttribute("type",type);
		}
		try {
			res.sendRedirect("psd.jsp");
			pw.print("</body></html>");
		} catch (IOException e) {
			e.printStackTrace();
		}
		}
	}
}
```

**Codeverify PUD.java:**

```
package com.phr;
import java.io.IOException;
import java.io.PrintWriter;
import javax.servlet.*;
import javax.servlet.http.*;
import com.google.appengine.api.datastore.DatastoreService;
import com.google.appengine.api.datastore.DatastoreServiceFactory;
import com.google.appengine.api.datastore.Entity;
import com.google.appengine.api.datastore.PreparedQuery;
import com.google.appengine.api.datastore.Query;
public class CodeVerifyPUD extends HttpServlet{
	String name,code,phrid,phrOwner,level,policy,type;
	PrintWriter pw;
	HttpSession session;
	int a=0;
	public void doPost(HttpServletRequest req,HttpServletResponse res)
```

```
{
        session=req.getSession();
        name=req.getParameter("username");
        code=req.getParameter("code");
    a=0;
        ds=DatastoreServiceFactory.getDatastoreService();
        session.setAttribute("username",name);
    try {
        pw=res.getWriter();
    } catch (IOException e1)
{
        e1.printStackTrace();
    }
        DatastoreService ds=DatastoreServiceFactory.getDatastoreService();
        Query q0=new Query("PUD User
Code").addFilter("username",Query.FilterOperator.EQUAL,name);
    PreparedQuery pq0=ds.prepare(q0);
    Iterable<Entity> it0=pq0.asIterable();
    for(Entity e0:it0)
    {
        String code1=(String)e0.getProperty("code");
        if(code1.equals(code))
        {
         a=1;
        }
    }
    if(a==1)
    {
    Query q=new Query("PUD
Request").addFilter("username",Query.FilterOperator.EQUAL,name);
    PreparedQuery pq=ds.prepare(q);
    Iterable<Entity> it=pq.asIterable();

    for(Entity e:it)
    {
        phrid=(String)e.getProperty("phrid");
    }
    Query q1=new Query("PHR Owner");
```

```
PreparedQuery pq1=ds.prepare(q1);
Iterable<Entity> it1=pq1.asIterable();
for(Entity e:it1)
{
long phrID=e.getKey().getId();
String phriD=new Long(phrID).toString();
if(phriD.equals(phrid))
{
phrOwner=(String)e.getProperty("username");
session.setAttribute("ownername",phrOwner);
}
}
Query q2=new
Query("PUD").addFilter("username",Query.FilterOperator.EQUAL,phrOwner);
PreparedQuery pq2=ds.prepare(q2);
Iterable<Entity> it2=pq2.asIterable();
for(Entity ee:it2)
{
        pw.print("<script>");
        pw.print("window.alert('Code Verification Successfully');");
        pw.print("</script>");
        level=(String)ee.getProperty("level");
        policy=(String)ee.getProperty("policy");
        type=(String)ee.getProperty("type");
        session.setAttribute("level",level);
session.setAttribute("policy",policy);
session.setAttribute("type",type);
}
pw.print(" name"+name);
pw.print("name"+phrOwner);
pw.print("level"+level);
pw.print("policy"+policy);
pw.print("type"+type);
try {
res.sendRedirect("pud.jsp");
        pw.print("</body></html>");
        } catch (IOException e)
{
```

```
                e.printStackTrace();
                }
}
        else
        {
        try {
                        res.sendRedirect("index.html");
                } catch (IOException e)
{
                        e.printStackTrace();
                }
        }
        }
        }
```

**EmergencyLogin.java**

```
package com.phr;
import java.io.IOException;
import java.io.PrintWriter;
import javax.servlet.*;
import javax.servlet.http.*;
import com.google.appengine.api.datastore.DatastoreService;
import com.google.appengine.api.datastore.DatastoreServiceFactory;
import com.google.appengine.api.datastore.Entity;
import com.google.appengine.api.datastore.PreparedQuery;
import com.google.appengine.api.datastore.Query;
public class EmergencyLogin extends HttpServlet
{
        PrintWriter pw;
        String name,oname,level,type,password,phrid;
        HttpSession session;
        public void doPost(HttpServletRequest req,HttpServletResponse res) throws
IOException
        {
        session=req.getSession();
        try {
                pw=res.getWriter();
                res.setContentType("text/html");
```

```
        } catch (IOException e1)
    {
                    e1.printStackTrace();
        }

            pw.print("<html><body>");
            name=req.getParameter("username");
            password=req.getParameter("password");
            phrid=req.getParameter("PHRID");
            DatastoreService ds=DatastoreServiceFactory.getDatastoreService();
            Query q=new
Query("EStaff").addFilter("username",Query.FilterOperator.EQUAL,name);
            PreparedQuery pq=ds.prepare(q);
            Iterable<Entity> it=pq.asIterable();
            for(Entity e:it)
            {
            String pass=(String)e.getProperty("password");
            if(pass.equals(password))
                {
                pw.print("match");
                Query qq=new Query("PHR Owner");
                PreparedQuery pq1=ds.prepare(qq);
                Iterable<Entity> it1=pq1.asIterable();
                for(Entity k:it1)
                    {
                        long id=k.getKey().getId();

                        String ss=new Long(id).toString();
                        pw.print("id="+ss);
                    if(ss.equals(phrid))
                    {
                    oname=(String)k.getProperty("username");
                    level="view";
                    type="personal,medical,examination,sensitive";
                    String policy="personal,medical,examination,sensitive";
                    session.setAttribute("ownername",oname);
                    session.setAttribute("username",name);
                    session.setAttribute("level",level);
```

```
                    session.setAttribute("policy",policy);
                    session.setAttribute("type",type);
                    }
                    }

                    res.sendRedirect("psd.jsp");
                    }
                    }
                  pw.print("</body></html>");
            }
}
```

**EmergencyRegistation.java:**

```
package com.phr;
import java.io.IOException;
import java.io.PrintWriter;
import javax.servlet.*;
import javax.servlet.http.*;
import com.google.appengine.api.datastore.DatastoreService;
import com.google.appengine.api.datastore.DatastoreServiceFactory;
import com.google.appengine.api.datastore.Entity;
public class EmergencyRegistration extends HttpServlet
{
	private String name,uname,password,mail;
	PrintWriter pw;
	public void doPost(HttpServletRequest req,HttpServletResponse res)throws IOException,ServletException
	{
		pw=res.getWriter();
		pw.print("<html><body>");
		name=req.getParameter("name");
		uname=req.getParameter("username");
		password=req.getParameter("password");
		mail=req.getParameter("mail");
DatastoreService ds=DatastoreServiceFactory.getDatastoreService();
	Entity e=new Entity("EStaff");
	e.setProperty("name",name);
	e.setProperty("username",uname);
```

```
e.setProperty("password",password);
e.setProperty("mail",mail);
ds.put(e);
pw.print("<script>");
pw.print("window.alert('Successfully Registered..');");
pw.print("</script>");
pw.print("</body></html>");
}}
```

**EVerify.java:**

```
package com.phr;
import java.io.IOException;
import java.io.PrintWriter;
import javax.servlet.*;
import javax.servlet.http.*;
import com.google.appengine.api.datastore.DatastoreService;
import com.google.appengine.api.datastore.DatastoreServiceFactory;
import com.google.appengine.api.datastore.Entity;
import com.google.appengine.api.datastore.PreparedQuery;
import com.google.appengine.api.datastore.Query;

public class EVerify extends HttpServlet
{
PrintWriter pw;
String phrid,code,level,policy,type;
String uname;
HttpSession session;
public void doGet(HttpServletRequest req,HttpServletResponse res)
	{
try {
	pw=res.getWriter();
	} catch (IOException e) {
		e.printStackTrace();
	}
	session=req.getSession();
	phrid=req.getParameter("phrid");
	code=req.getParameter("code");
DatastoreService ds=DatastoreServiceFactory.getDatastoreService();
```

```
        Query q=new Query("PHR Owner");
        PreparedQuery pq=ds.prepare(q);
        Iterable<Entity> it=pq.asIterable();
        for(Entity e:it)
        {
                long c=e.getKey().getId();
                if(code.equals(new Long(c).toString()))
                {
                        uname=(String)e.getProperty("username");
                session.setAttribute("ownername",uname);
                session.setAttribute("username","s");
                }
                }
Query q2=new
Query("PSD").addFilter("username",Query.FilterOperator.EQUAL,uname);
        PreparedQuery pq2=ds.prepare(q2);
        Iterable<Entity> it2=pq2.asIterable();

        for(Entity ee:it2)
        {
                pw.print("<script>");
                pw.print("window.alert('Code Verification Successfully');");
                pw.print("</script>");
                level=(String)ee.getProperty("level");
                policy=(String)ee.getProperty("policy");
                type=(String)ee.getProperty("type");
        session.setAttribute("level",level);
                session.setAttribute("policy",policy);
        session.setAttribute("type",type);
        }
                try {
                res.sendRedirect("psd.jsp");
                pw.print("</body></html>");
        } catch (IOException e)
 {
        e.printStackTrace();
        }
        }
```

```
}
```

**HCDLogin:**

```
package com.phr;
import java.io.IOException;
import java.io.PrintWriter;
import javax.servlet.*;
import javax.servlet.http.*;
public class HCDLogin extends HttpServlet
{
        String name,pass;
        PrintWriter pw;
public void doPost(HttpServletRequest req,HttpServletResponse res) throws IOException

{

        name=req.getParameter("name");
        pass=req.getParameter("password");
        pw=res.getWriter();
        pw.print("<html><body>");
if(name.equals("123") && pass.equals("123"))
        {
        pw.print("<a href='verifypudRequest'>Verify the Incoming Request</a>");
        }
        else
        {
        pw.print("Login Failed......");
        res.sendRedirect("hcd.html");
        }
        pw.print("</body></html>");
}
}
```

**HcdRegistration.java:**

```
package com.phr;
import java.io.IOException;
import javax.servlet.*;
```

```
import javax.servlet.http.*;
import com.google.appengine.api.datastore.DatastoreService;
import com.google.appengine.api.datastore.DatastoreServiceFactory;
import com.google.appengine.api.datastore.Entity;
public class HcdRegistration extends HttpServlet
{
String name,uname,password,mail;
        public void doGet(HttpServletRequest req,HttpServletResponse res)
        {
                name=req.getParameter("name");
                uname=req.getParameter("username");
                password=req.getParameter("password");
                mail=req.getParameter("mail");



                DatastoreService ds=DatastoreServiceFactory.getDatastoreService();
                Entity e=new Entity("Hcd");
                e.setProperty("name",name);
                e.setProperty("user name",uname);
                e.setProperty("password",password);
                e.setProperty("mail",mail);
                ds.put(e);
                }
}
```

**Logout.java:**

```
package com.phr;
import java.io.IOException;
import javax.servlet.*;
import javax.servlet.http.*;
public class Logout extends HttpServlet
{
public void doGet(HttpServletRequest req,HttpServletResponse res)
{
        HttpSession session=req.getSession(false);
        session.invalidate();
        try
```

```
        {
                res.sendRedirect("index.html");
        }
        catch (IOException e) {
                        e.printStackTrace();
        }
}
}
```

**ModifyExamination.java**

```
package com.phr;
import javax.servlet.*;
import javax.servlet.http.*;
import com.google.appengine.api.datastore.DatastoreService;
import com.google.appengine.api.datastore.DatastoreServiceFactory;
import com.google.appengine.api.datastore.Entity;
import com.google.appengine.api.datastore.Key;
import com.google.appengine.api.datastore.PreparedQuery;
import com.google.appengine.api.datastore.Query;
public class ModifyExamination extends HttpServlet
{
        HttpSession session;
        String ownername,pulserate,heartrate,uname;
        public void doGet(HttpServletRequest req,HttpServletResponse res)

        {

pulserate=req.getParameter("prate");
heartrate=req.getParameter("hrate");
session=req.getSession();
        ownername=(String)session.getAttribute("ownername");
        uname=(String)session.getAttribute("username");
        DatastoreService ds=DatastoreServiceFactory.getDatastoreService();
        Query q=new
Query("Examination").addFilter("username",Query.FilterOperator.EQUAL,ownerna
me);
```

```
        PreparedQuery pq=ds.prepare(q);
        Iterable<Entity> it=pq.asIterable();
        for(Entity d:it)
        {
                Key key=d.getKey();
                ds.delete(key);

        }


        Entity ee=new Entity("Examination");
        ee.setProperty("username",ownername);
        ee.setProperty("pulserate",pulserate);
        ee.setProperty("heartrate",heartrate);
        ds.put(ee);
        }
}
```

**ModifyMedical.java:**

```
package com.phr;
import javax.servlet.*;
import javax.servlet.http.*;
import com.google.appengine.api.datastore.DatastoreService;
import com.google.appengine.api.datastore.DatastoreServiceFactory;
import com.google.appengine.api.datastore.Entity;
import com.google.appengine.api.datastore.Key;
import com.google.appengine.api.datastore.PreparedQuery;
import com.google.appengine.api.datastore.Query;
public class ModifyMedical extends HttpServlet
{
        HttpSession session;
        String ownername,allergy,condition,prescription,uname;
        public void doGet(HttpServletRequest req,HttpServletResponse res)
        {
                allergy=req.getParameter("allergy");
                condition=req.getParameter("condition");
                prescription=req.getParameter("prescription");
        session=req.getSession();
```

```
        ownername=(String)session.getAttribute("ownername");
        uname=(String)session.getAttribute("username");
        DatastoreService ds=DatastoreServiceFactory.getDatastoreService();

        Query q=new
Query("MedicalHistory").addFilter("username",Query.FilterOperator.EQUAL,owner
name);
        PreparedQuery pq=ds.prepare(q);
        Iterable<Entity> it=pq.asIterable();
        for(Entity d:it)
        {
                Key key=d.getKey();
                ds.delete(key);

        }
        Entity ee=new Entity("MedicalHistory");
        ee.setProperty("username",ownername);
        ee.setProperty("allergy",allergy);
        ee.setProperty("condition",condition);
        ee.setProperty("prescription",prescription);
        ds.put(ee);
        }}
```

**ModifySensitive.java:**

```
package com.phr;
import javax.servlet.*;
import javax.servlet.http.*;
import com.google.appengine.api.datastore.DatastoreService;
import com.google.appengine.api.datastore.DatastoreServiceFactory;
import com.google.appengine.api.datastore.Entity;
import com.google.appengine.api.datastore.Key;
import com.google.appengine.api.datastore.PreparedQuery;
import com.google.appengine.api.datastore.Query;
public class ModifySensitive extends HttpServlet
{
        HttpSession session;
        String ownername,hiv,uname;
        public void doGet(HttpServletRequest req,HttpServletResponse res)
```

```
        {
        hiv=req.getParameter("hiv");
    session=req.getSession();
    ownername=(String)session.getAttribute("ownername");
    uname=(String)session.getAttribute("username");
    DatastoreService ds=DatastoreServiceFactory.getDatastoreService();
    Query q=new Query("Sensitive
Info").addFilter("username",Query.FilterOperator.EQUAL,ownername);
    PreparedQuery pq=ds.prepare(q);
    Iterable<Entity> it=pq.asIterable();
    for(Entity d:it)
    {
        Key key=d.getKey();
        ds.delete(key);
        }
    Entity ee=new Entity("Sensitive Info");
    ee.setProperty("username",ownername);
    ee.setProperty("hivstatus",hiv);
    ds.put(ee);
    }
}
```

**PHRAccount.java:**

```
package com.phr;
import javax.mail.Message;
import javax.mail.Session;
import javax.mail.Transport;
import javax.mail.internet.InternetAddress;
import javax.mail.internet.MimeMessage;
import javax.servlet.http.*;
import com.google.appengine.api.datastore.DatastoreService;
import com.google.appengine.api.datastore.DatastoreServiceFactory;
import com.google.appengine.api.datastore.Entity;
import com.google.appengine.api.datastore.PreparedQuery;
import com.google.appengine.api.datastore.Query;
```

```
import java.io.*;
import java.util.Iterator;
import java.util.Properties;
public class PHRAccount extends HttpServlet
{
	private static final long serialVersionUID = 1L;
	String name,username,password,dob,gender,mail,age,address;
	PrintWriter pw;
	public void doPost(HttpServletRequest req,HttpServletResponse res)
	{
	try
	{
		pw=res.getWriter();
		res.setContentType("text/html");
	pw.print("<html><body>");
		}
	catch(Exception m)
	{
		m.printStackTrace();
	}
	name=req.getParameter("name");
	username=req.getParameter("username");
	password=req.getParameter("password");
	dob=req.getParameter("dob");
	gender=req.getParameter("gender");
	mail=req.getParameter("mail");
	age=req.getParameter("age");
	address=req.getParameter("address");
	DatastoreService ds=DatastoreServiceFactory.getDatastoreService();
	Entity e=new Entity("PHR Owner");
	e.setProperty("name",name);
	e.setProperty("username",username);
	e.setProperty("password",password);
	e.setProperty("dob",dob);
	e.setProperty("gender",gender);
	e.setProperty("mail",mail);
	e.setProperty("age",age);
	e.setProperty("address",address);
```

```
	ds.put(e);
	Entity e2=new Entity(username);
	e2.setProperty("username","");
	e2.setProperty("status","");
	e2.setProperty("code","");
	ds.put(e2);
	long a=0;
	Query q=new Query("PHR
Owner").addFilter("name",Query.FilterOperator.EQUAL,name);
	PreparedQuery pq=ds.prepare(q);
	Iterable<Entity> it=pq.asIterable();
	String id="";
	for(Entity e1:it)
	{
	 a=e1.getKey().getId();
	}
	Properties p=new Properties();
	Session session=Session.getDefaultInstance(p, null);
	try
	{
		Message message=new MimeMessage(session);
		message.setFrom(new
InternetAddress("androidcloudapps@gmail.com",name));
		message.addRecipient(Message.RecipientType.TO, new
InternetAddress(mail));
		message.setSubject("podc");
		message.setText("id="+a);
		Transport.send(message);
			}
	catch(Exception m)
	{
		m.printStackTrace();
	}


	pw.print("<script type='text/javascript'>");
	pw.print("var e=window.confirm('successfully registered Your PHR-ID has been
sent your Mail-Id');");
```

```
        pw.print("if(e==true)");
        pw.print("{");
        pw.print("window.location='/index.html';");
        pw.print("}");
        pw.print("else");
        pw.print("{");
        pw.print("window.location='/index.html';");
        pw.print("}");
        pw.print("</script>");
        pw.print("</body></html>");
}
}
```

**PHRLogin.java:**

```
package com.phr;
import javax.servlet.*;
import javax.servlet.http.*;
import com.google.appengine.api.datastore.DatastoreService;
import com.google.appengine.api.datastore.DatastoreServiceFactory;
import com.google.appengine.api.datastore.Entity;
import com.google.appengine.api.datastore.Key;
import com.google.appengine.api.datastore.KeyFactory;
import com.google.appengine.api.datastore.PreparedQuery;
import com.google.appengine.api.datastore.Query;
import java.io.IOException;
import java.io.PrintWriter;
public class PHRLogin extends HttpServlet
{
        PrintWriter pw;
        String username;
        String password;
        String phrid;

        HttpSession session;
        public void doPost(HttpServletRequest req,HttpServletResponse res)
        {
                session=req.getSession();
                try {
```

```
                    pw=res.getWriter();
                    res.setContentType("text/html");
                    pw.print("<html><body>");
            } catch (IOException e)
{
            e.printStackTrace();
            }
            username=req.getParameter("username");
            password=req.getParameter("password");
            DatastoreService ds=DatastoreServiceFactory.getDatastoreService();
        Query query = new Query("PHR
Owner").addFilter("username",Query.FilterOperator.EQUAL,username);
            PreparedQuery pq=ds.prepare(query);
            Iterable<Entity> e=pq.asIterable();
            for(Entity k1:e)
            {
            String pass=(String)k1.getProperty("password");
            String name=(String)k1.getProperty("name");
            session.setAttribute("name",name);
            if(pass.equals(password))
                    {
                    try {
        res.sendRedirect("services.jsp?name="+name+"&username="+username+"");
                            } catch (IOException e1) {
                                    e1.printStackTrace();
                            }
                    }
                    else
                    {
                            pw.print("<script>");
                            pw.print("var x=window.confirm('Login Failed');");
                            pw.print("if(x==true)");
                            pw.print("{");
                            pw.print("window.location='index.html';");
                            pw.print("}");
                            pw.print("if(x==false)");
                            pw.print("{");
                            pw.print("window.location='index.html';");
```

```
                        pw.print("}");
                        pw.print("</script>");

                }
}
        pw.print("</body></html>");
                }
         }
```

**PhrUpload.java:**

```
package com.phr;
import javax.servlet.*;
import javax.servlet.http.*;
import com.google.appengine.api.datastore.DatastoreService;
import com.google.appengine.api.datastore.DatastoreServiceFactory;
import com.google.appengine.api.datastore.Entity;
import com.google.appengine.api.datastore.PreparedQuery;
import com.google.appengine.api.datastore.Query;
import java.awt.Window;
import java.io.IOException;
import java.io.PrintWriter;
import java.util.Enumeration;
import java.util.HashMap;
import java.util.Random;
public class PhrUpload extends HttpServlet

{
PrintWriter pw;
        private String
level,level1,username,mail,name,dob,gender,age,bgroup,address,condition,allergy,pre
scription,prate,hrate,breport,hiv;
        public void doPost(HttpServletRequest req,HttpServletResponse res)
        {
        res.setContentType("text/html");
        try
 {
                pw=res.getWriter();
                }
```

```
catch (IOException e)
{
        e.printStackTrace();
    }
    pw.print("<html><body>");
    HttpSession session=req.getSession();
    username=(String)session.getAttribute("username");
    name=req.getParameter("name");
    gender=req.getParameter("gender");
    age=req.getParameter("age");
    mail=req.getParameter("mail");
    address=req.getParameter("address");
    condition=req.getParameter("condition");
    allergy=req.getParameter("allergy");
    prescription=req.getParameter("prescription");
    prate=req.getParameter("pulserate");
    hrate=req.getParameter("heartrate");
    hiv=req.getParameter("hiv");
    String poli="";
String poli1="";
    String policy[]=req.getParameterValues("policy");
    String policy1[]=req.getParameterValues("policy1");
    int size=policy.length;
    int size1=policy1.length;
    int a=0,a1=0;
    for(String s:policy)
    {
        a++;
        poli+=s;
        if(!(a==size))
        {
        poli=poli+",";
        }
      }
    for(String s1:policy1)
    {
        a1++;
        poli1+=s1;
```

```
if(!(a1==size1))
{
poli1=poli1+",";
}
}
String typ="";
String typ1="";
String typ2[]=req.getParameterValues("type");
String typ3[]=req.getParameterValues("type1");
int size2=typ2.length;
int size3=typ3.length;
int a2=0,a3=0;
for(String s:typ2)
{
a2++;
typ+=s;
if(!(a2==size2))
{
typ=typ+",";
}
}
for(String s1:typ3)
{
a3++;
typ1+=s1;
if(!(a3==size3))
{
typ1=typ1+",";
}
}
level=req.getParameter("level");
level1=req.getParameter("level1");
DatastoreService ds=DatastoreServiceFactory.getDatastoreService();
Entity e=new Entity("PersonalInfo");
e.setProperty("name",name);
e.setProperty("username",username);
e.setProperty("gender",gender);
e.setProperty("age",age);
```

```
e.setProperty("address",address);
ds.put(e);
Entity e1=new Entity("MedicalHistory");
e1.setProperty("username",username);
e1.setProperty("condition",condition);
e1.setProperty("allergy",allergy);
e1.setProperty("prescription",prescription);
ds.put(e1);
Entity e2=new Entity("Examination");
e2.setProperty("username",username);
e2.setProperty("pulserate",prate);
e2.setProperty("heartrate",hrate);
e2.setProperty("prescription",breport);
ds.put(e2);
Entity e3=new Entity("Sensitive Info");
e3.setProperty("username",username);
e3.setProperty("hivstatus",hiv);
ds.put(e3);


Entity e4=new Entity("PSD");
e4.setProperty("username",username);
e4.setProperty("level",level1);
e4.setProperty("policy",poli1);
e4.setProperty("type",typ1);
ds.put(e4);
Entity e5=new Entity("PUD");
e5.setProperty("username",username);
e5.setProperty("level",level);
e5.setProperty("policy",poli);
e5.setProperty("type",typ);
ds.put(e5);
pw.print("<script>");
pw.print("{");
pw.print("var x=window.confirm('uploading success');");
pw.print("if(x==true)");
        pw.print("{");
pw.print("window.location='services.jsp?name="+name+"&username="+username+"
```

```
';");
pw.print("}");
pw.print("if(x==false)");
pw.print("{");
pw.print("window.location='services.jsp?name="+name+"&username="+username+
';");
pw.print("}");
pw.print("}");
pw.print("</script>");
Query qqq=new Query("PHR
Owner").addFilter("username",Query.FilterOperator.EQUAL,username);
PreparedQuery pq=ds.prepare(qqq);
Iterable<Entity> it=pq.asIterable();
long key=0;
for(Entity ee:it)
{
        key=ee.getKey().getId();



}
Random r=new Random();
int code=r.nextInt(298382);
Entity ed=new Entity("Ekeys");
ed.setProperty("PHRID",new Long(key).toString());
ed.setProperty("Code",code);
ds.put(ed);
pw.print("</body></html>");
}
}
```

**PrivateRegistration.java:**

```
package com.phr;
import java.io.IOException;
import java.io.PrintWriter;
import java.util.Properties;
import javax.mail.Address;
import javax.mail.Message;
```

```
import javax.mail.Session;
import javax.mail.Transport;
import javax.mail.internet.MimeMessage;
import javax.servlet.*;
import javax.servlet.http.*;
import javax.mail.internet.InternetAddress;
import com.google.appengine.api.datastore.DatastoreService;
import com.google.appengine.api.datastore.DatastoreServiceFactory;
import com.google.appengine.api.datastore.Entity;
import com.google.appengine.api.datastore.PreparedQuery;
import com.google.appengine.api.datastore.Query;
public class PrivateRegistration extends HttpServlet
{

        PrintWriter pw;
        public void doPost(HttpServletRequest req,HttpServletResponse res)
        {

                try {
                        pw=res.getWriter();
                } catch (IOException e2)
{
                                        e2.printStackTrace();
                }

            pw.print("<html><body>");
        String name=req.getParameter("name");
                String uname=req.getParameter("username");
                String pass=req.getParameter("password");
                String relation=req.getParameter("relation");
                String phone=req.getParameter("phoneno");
                String mail=req.getParameter("mail");
                String phrID=req.getParameter("phrid");
                long phrid=Long.parseLong(phrID);
        DatastoreService ds=DatastoreServiceFactory.getDatastoreService();
        Entity e=new Entity("users",uname);
        e.setProperty("Name",name);
        e.setProperty("UserName",uname);
```

```
e.setProperty("Password",pass);
e.setProperty("relation",relation);
e.setProperty("phone",phone);
e.setProperty("mail",mail);
e.setProperty("phrid",phrID);
ds.put(e);
Entity e1=new Entity("Authentication",uname);
e1.setProperty("UserName",uname);
e1.setProperty("Status","Not-Allow");
ds.put(e1);
Query q=new Query("PHR Owner");
PreparedQuery pq=ds.prepare(q);
Iterable<Entity> it=pq.asIterable();
for(Entity ee:it)
{
        long l=ee.getKey().getId();
        if(l==phrid)
        {
                String tuname=(String)ee.getProperty("username");
                Entity c=new Entity(tuname,uname);
                c.setProperty("username",uname);
                c.setProperty("status","Not-Allow");
                ds.put(c);
        }
}
pw.print("<script>");
pw.print("window.alert('Registered Successfully...');");
pw.print("window.alert('You wil get Secret Code (through mail) when PHR Owner accept your request..');");
pw.print("window.location='index.html';");
pw.print("</script>");
pw.print("</body></html>");
}
}
```

**PSDLogin.java:**

```
package com.phr;
import java.io.IOException;
```

```
import java.io.PrintWriter;
import javax.servlet.*;
import javax.servlet.http.*;
import com.google.appengine.api.datastore.DatastoreService;
import com.google.appengine.api.datastore.DatastoreServiceFactory;
import com.google.appengine.api.datastore.Entity;
import com.google.appengine.api.datastore.PreparedQuery;
import com.google.appengine.api.datastore.Query;
public class PSDLogin extends HttpServlet
{
        PrintWriter pw;
        HttpSession session;
        String uName,password,phrid,level,policy,type,ownername;
        public void doPost(HttpServletRequest req,HttpServletResponse res)
        {
                try {
                        pw=res.getWriter();
                } catch (IOException e1)
 {
                        e1.printStackTrace();
                }
s               session=req.getSession();
                pw.print("<html><body>");
                uName=req.getParameter("username");
                password=req.getParameter("password");
                session.setAttribute("username",uName);
                phrid=req.getParameter("phrid");
                long phr=Long.parseLong(phrid);
                DatastoreService ds=DatastoreServiceFactory.getDatastoreService();
                Query m=new Query("PHR Owner");
                PreparedQuery pm=ds.prepare(m);
                Iterable<Entity> ir=pm.asIterable();
        for(Entity em:ir)
                {
                        long l=em.getKey().getId();
                        if(l==phr)
                        {
                        ownername=(String)em.getProperty("username");
```

```
                    session.setAttribute("ownername",ownername);
                    }
                  }
Query qq=new
Query("users").addFilter("UserName",Query.FilterOperator.EQUAL,uName);
            PreparedQuery pqq=ds.prepare(qq);
            Iterable<Entity> ii=pqq.asIterable();
            for(Entity dd:ii)
            {
             String pass=(String)dd.getProperty("Password");
             if(pass.equals(password))
             {
                    pw.print("<script>");
                    pw.print("var x=window.prompt('Enter The Secret Code');");
                    pw.print("window.location='codeVerify?code='+x");
                    pw.print("</script>");

             }
            }
            pw.print("</body></html>");
            }
}
```

# REFERÊNCIAS


. M. Li, S. Yu, K. Ren, e W. Lou, "Securing Personal Health Records in Cloud Computing: Patient-Centric and Fine-Grained Data Access Control in Multi-Owner Settings", Proc. Sixth Int'l ICST Conf. Security and Privacy in Comm. Networks (SecureComm '10), pp. 89-106, setembro de 2010.

. H. Lo "hr, A.-R. Sadeghi, e M. Winandy, "Securing the E-Health Cloud", Proc. First ACM Int'l Health Informatics Symp. (IHI '10),220-229, 2010.

. M. Li, S. Yu, N. Cao e W. Lou, "Pesquisa autorizada de palavras-chave privadas em registos pessoais de saúde encriptados na computação em nuvem", Proc. 31st Int'l Conf. Sistemas de Computação Distribuída (ICDCS '11), junho de 2011.

. "The Health Insurance Portability and Accountability Act" ,http://www.cms.hhs.gov/HIPAAGenInfo/01_Overview.asp, 2012.

. "Google, Microsoft Say Hipaa Stimulus Rule Doesn't Apply to Them," http://www.ihealthbeat.org/Articles/2009/4/8/, 2012.

. "At Risk of Exposure - in the Push for Electronic Medical Records, Concern Is Growing About How Well Privacy Can Be Safe-guarded," http://articles.latimes.com/2006/jun/26/health/ he-privacy26, 2006.

. K.D. Mandl, P. Szolovits, e I.S. Kohane, "Public Standards and Patients' Control: How to Keep Electronic Medical Records Accessible but Private," BMJ, vol. 322, n.° 7281, pp. 283-287, Fev. 2001.

. J. Benaloh, M. Chase, E. Horvitz, e K. Lauter, "Patient Controlled Encryption: Garantir a privacidade dos registos médicos electrónicos", Proc. ACM Workshop Cloud Computing Security (CCSW '09), pp. 103-114, 2009.

. S. Yu, C. Wang, K. Ren, e W. Lou, "Achieving Secure, Scalable, and FineGrained Data Access Control in Cloud Computing," Proc. IEEE INFOCOM'10, 2010.

Dong, G. Russello, e N. Dulay, "Shared and Searchable Encrypted Data for Untrusted Servers," J. Computer Security, vol. 19, pp. 367-397, 2010.

V. Goyal, O. Pandey, A. Sahai, e B. Waters, "Attribute-Based Encryption for Fine-Grained Access Control of Encrypted Data," Proc. 13th ACM Conf. Computer and Comm. Security (CCS '06), 89-98, 2006.

M. Li, W. Lou, e K. Ren, "Data Security and Privacy in Wireless Body Area Networks," IEEE Wireless Comm. Magazine, vol. 17, no. 1, pp. 51-58, Fev. 2010.

Boldyreva, V. Goyal, e V. Kumar, "Identity-Based Encryp-tion with Efficient Revocation," Proc. 15th ACM Conf. Computer and Comm. Security (CCS), pp. 417-426, 2008.

L. Ibraimi, M. Petkovic, S. Nikova, P. Hartel, e W. Jonker, "Ciphertext-Policy Attribute-Based Threshold Decryption with Flexible Delegation and Revocation of User Attributes," 2009.

.S. Yu, C. Wang, K. Ren e W. Lou, "Partilha de dados baseada em atributos com revogação de atributos", Proc. Fifth ACM Symp. Information, Computer and Comm. Security (ASIACCS '10), 2010.

S. Narayan, M. Gagne', e R. Safavi-Naini, "Privacy Preserving EHR System Using Attribute-Based Infrastructure," Proc. ACM Cloud Computing Security Workshop (CCSW '10), pp. 47-52, 2010.

.X. Liang, R. Lu, X. Lin, e X.S. Shen, "Política de acesso autocontrolável do paciente a Phi em sistemas de cuidados de saúde electrónicos," Proc. (AHIC 10), 2010.

L. Ibraimi, M. Asim, e M. Petkovic, "Secure Management of Personal Health Records by Applying Attribute-Based Encryp-tion," relatório técnico, Univ. de Twente, 2009.

J. Bethencourt, A. Sahai, e B. Waters, "Ciphertext-Policy Attribute-Based Encryption," Proc. IEEE Symp. Segurança e Privacidade (SP '07), pp. 321-334, 2007.

.J.A. Akinyele, C.U. Lehmann, M.D. Green, M.W. Pagano, Z.N.J. Peterson, e A.D. Rubin, "Self-Protecting Electronic Medical Records Using Attribute-Based Encryption," Cryptology ePrint Archive, Report 2010/565, http://eprint.iacr.org/,
2010.

.M. Chase e S.S. Chow, "Improving Privacy and Security in Multi-Authority Attribute-Based Encryption," Proc. 16th ACM Conf. Computer and Comm. Security (CCS '09), pp. 121-130, 2009.

.X. Liang, R. Lu, X. Lin, e X.S. Shen, "Ciphertext Policy Attribute Based Encryption with

Efficient Revocation," relatório técnico, Univ. of Waterloo, 2010.
.J. Hur e D.K. Noh, "Controlo de acesso baseado em atributos com revogação eficiente em sistemas de externalização de dados", IEEE Trans. Parallel and Distributed Systems, vol. 22, no. 7, pp. 1214-1221, julho de 2011.
S. Jahid, P. Mittal e N. Borisov, "Easier: Encryption-Based Access Control in Social Networks with Efficient Revocation", Proc. ACM Symp. Information, Computer and Comm. Security (ASIACCS), Mar. 2011.
S. Ruj, A. Nayak e I. Stojmenovic, "DACC: Distributed Access Control in Clouds", Proc. IEEE 10th Int'l Conf. Trust, Security and Privacy in Computing and Comm. (TrustCom), 2011.
Lewko e B. Waters, "Decentralizing Attribute-Based Encryption," EUROCRYPT: Proc. 30th Ann. Conf. Int'l. Theory and Applications of Cryptographic Techniques (Teoria e aplicações de técnicas criptográficas): Advances in Cryptology,568-588, 2011.
. "Indivo." http://indivohealth.org/, 2012.
D.C. di Vimercati, S. Foresti, S. Jajodia, S. Paraboschi, e P. Samarati, "OverEncryption: Management of Access Control Evolution on Outsourced Data", Proc. 33rd Int'l Conf. Very Large Data Bases (VLDB '07), pp. 123-134, 2007.
. Lewko e B. Waters, "Decentralizing Attribute-Based Encryption," EUROCRYPT: Proc. 30th Ann. Conf. Int'l. Theory and Applications of Cryptographic Techniques (Teoria e aplicações de técnicas criptográficas): Advances in Cryptology, 568-588, 2011.
Perrig, R. Szewczyk, J.D. Tygar, V. Wen, e D.E. Culler, "Spins: Security Protocols for Sensor Networks," Wireless Network-ing, vol. 8, pp. 521-534, Sept.
2002.
H. Yang, H. Luo, F. Ye, S. Lu e L. Zhang, "Security in Mobile Ad Hoc Networks: Challenges and Solutions," IEEE Wireless Comm., vol. 11, no. 1, pp. 38-47, Fev. 2004.
N. Attrapadung e H. Imai, "Transmissão Conjuntiva e Encriptação Baseada em Atributos", Proc. Third Int'l Conf. Palo Alto on Pairing-Based CryptographyPairing, pp. 248-265, 2009.
S. Muller, S. Katzenbeisser, e C. Eckert, "Distributed Attribute-Based Encryption," Proc. 11th Int'l Conf. Information Security and Cryptology (ICISC 08), pp. 20-36, 2009.
.S. Chow, "New Privacy-Preserving Architectures for Identity-/ Attribute-Based Encryption", tese de doutoramento, NYU, 2010.
Y. Zheng, "Key-Policy Attribute-Based Encryption Scheme Im-plementation," http://www.cnsr.ictas.vt.edu/resources.html, 2012.
Y. Zheng, "Privacy-Preserving Personal Health Record System Using AttributeBased Encryption", tese de mestrado, Worcester Polytechnic Inst., 2011.
Lynn, "The Pbc Library" ,http://crypto.stanford.edu/pbc/, 2012.
.M. Pirretti, P. Traynor, P. McDaniel, e B. Waters, "Secure Attribute-Based Systems," J. Computer Security, vol. 18, no. 5,799-837, 2010.

Printed by Books on Demand GmbH, Norderstedt / Germany